全国职业技能 Autodesk Inventor 认证指导用书

Autodesk Inventor 2014
速成宝典

（配全程视频教程）

英维通　编著

电子工業出版社

Publishing House of Electronics Industry

北京·BEIJING

内 容 简 介

本书是系统学习 Autodesk Inventor 2014 应用的速成宝典，全书共 8 章，内容包括 Autodesk Inventor 2014 安装方法和软件设置、二维草图的绘制、二维草图的编辑及约束、零件设计、装配设计、曲面设计和工程图设计等，书中还配有大量范例及实际综合应用实例。

在内容安排上，书中结合大量的实例对 Autodesk Inventor 2014 软件各个模块中一些抽象的概念、命令、功能和应用技巧进行讲解，通俗易懂，化深奥为简易；本书所举范例均为一线实际产品，这样的安排能使读者较快地进入实战状态；在写作方式上，本书紧贴 Autodesk Inventor 2014 软件的真实界面进行讲解，使读者能够直观、准确地操作软件，提高学习效率。本书讲解所使用的模型和应用实例覆盖了不同行业和领域，具有很强的实用性和广泛的适用性。

本书附带 1 张多媒体 DVD 教学光盘，制作了与本书全程同步的语音视频文件，含 279 个 Inventor 应用技巧和具有针对性实例的语音教学视频，时长 11.3 小时（677 分钟）。光盘还包含了本书所有的素材源文件和已完成的范例、实例文件。读者在完成本书学习后，能够迅速地运用 Inventor 软件来完成一般产品的零件设计（含曲面和钣金）、装配、工程图制作、运动仿真与分析等工作。本书可作为工程技术人员的 Inventor 自学教程和参考书籍，也可作为大专院校机械专业师生的教学参考。

图书在版编目（CIP）数据

Autodesk Inventor 2014 速成宝典 / 英维通编著.—北京：电子工业出版社，2016.5

全国职业技能 Autodesk Inventor 认证指导用书：配全程视频教程

ISBN 978-7-121-26508-2

Ⅰ．①A…　Ⅱ．①英…　Ⅲ．①机械设计—计算机辅助设计—应用软件—职业技能—资格认证—自学参考资料　Ⅳ．①TH122

中国版本图书馆 CIP 数据核字（2015）第 147172 号

策划编辑：管晓伟

责任编辑：管晓伟　　特约编辑：王 欢 等

印　　刷：涿州市京南印刷厂

装　　订：涿州市京南印刷厂

出版发行：电子工业出版社

　　　　　北京市海淀区万寿路 173 信箱　　邮编：100036

开　　本：787×1092　1/16　印张：16.25　字数：390 千字

版　　次：2016 年 5 月第 1 版

印　　次：2016 年 5 月第 1 次印刷

定　　价：49.90 元（含多媒体 DVD 光盘 1 张）

凡所购买电子工业出版社图书有缺损问题，请向购买书店调换。若书店售缺，请与本社发行部联系，联系及邮购电话：（010）88254888，88258888。

质量投诉请发邮件至 zlts@phei.com.cn，盗版侵权举报请发邮件至 dbqq@phei.com.cn。

本书咨询联系方式：（010）88254460，guanphei@163.com。

前 言

　　Inventor 是美国 Autodesk 公司的一款三维 CAD 应用软件，是基于 Windows 平台、功能强大且易用的三维 CAD 软件，已经成功应用于机械、电子、航空航天、汽车、仪器仪表、模具、造船、消费品等行业的大量客户。该软件还提供了从二维视图到三维实体的转换工具，无须摒弃多年来二维制图的成果，借助 Inventor 就能迅速跃升到三维设计。

　　本书是系统学习 Autodesk Inventor 2014 应用的速成教程，其特色如下。

◆ **内容全面**。涵盖了产品的零件设计（含曲面）、装配、工程图制作等核心功能模块。

◆ **实例、范例丰富**。对软件中的主要命令和功能，首先结合简单的实例进行讲解，然后安排一些较复杂的综合范例，帮助读者深入理解和灵活应用。另外，由于书的纸张容量有限（提高纸张页数势必增加书的定价），所以随书光盘中存放了大量的范例使用能力和技巧，同时也提高了本书的性价比。

◆ **循序渐进，讲解详细，条理清晰，图文并茂**。使自学的读者能够独立学习和运用 Autodesk Inventor 2014 软件。

◆ **写法独特**。采用 Autodesk Inventor 2014 中真实的对话框、操控板和按钮等进行讲解，使初学者能够直观、准确地操作软件，从而大大提高学习效率。

◆ **附加值极高**。本书附带 1 张多媒体 DVD 教学光盘，制作了 279 个 Inventor 应用技巧和具有针对性实例的语音教学视频，时间长达 11.3 小时（677 分钟），可以帮助读者轻松、高效地学习。

　　本书由英维通编著，参加编写的人员还有王双兴、郭如涛、马志伟、师磊、李东亮、白超文、张建秋、任彦芳、杨作为、陈爱君、夏佩、谢白雪、王志磊、张党杰、张娟、马斯雨、车小平、曾为劲。本书已经过多次审校，但仍不免有疏漏之处，恳请广大读者予以指正。

　　电子邮箱：bookwellok @163.com　　　咨询电话：010-82176248，010-82176249。

编　者

本 书 导 读

为了能更好地学习本书的知识，请您仔细阅读下面的内容。

【写作软件蓝本】

本书采用的软件蓝本是 Inventor 2014 版。

【写作计算机操作系统】

本书使用的操作系统为 Windows XP，对于 Windows 2000 /Server 或 Win7 操作系统，本书的内容和范例也同样适用。

【光盘使用说明】

为了使读者方便、高效地学习本书，特将本书中所有的练习文件、素材文件、已完成的实例、范例或案例文件、软件的相关配置文件和视频语音讲解文件等按章节顺序放入随书附带的光盘中，读者在学习过程中可以打开相应的文件进行操作、练习和查看视频。

本书附带多媒体 DVD 助学光盘 1 张，建议读者在学习本书前，先将 DVD 光盘中的所有内容复制到计算机硬盘的 D 盘中。

在光盘的 invsc14 目录下共有 2 个子文件夹，分述如下。

（1）work 子文件夹：包含本书全部已完成的实例、范例或案例文件。

（2）video 子文件夹：包含本书讲解中所有的视频文件（含语音讲解），学习时，直接双击某个视频文件即可播放。

光盘中带有"ok"扩展名的文件或文件夹表示已完成的实例、范例或案例。

【本书约定】

◆ 对本书中有关鼠标操作的简略表述说明如下。

● 单击：将鼠标指针光标移至某位置处，然后按一下鼠标的左键。

● 双击：将鼠标指针光标移至某位置处，然后连续快速地按两次鼠标的左键。

● 右击：将鼠标指针光标移至某位置处，然后按一下鼠标的右键。

● 单击中键：将鼠标指针光标移至某位置处，然后按一下鼠标的中键。

● 滚动中键：只是滚动鼠标的中键，而不是按中键。

● 选择（选取）某对象：将鼠标指针光标移至某对象上，单击以选取该对象。

- 拖移某对象：将鼠标指针光标移至某对象上，然后按下鼠标的左键不放，同时移动鼠标，将该对象移动到指定的位置后再松开鼠标的左键。

- 本书中所有涉及的参数，限于软件的特殊性，一律与对应图一致，用正体表述。

◆ 本书中的操作步骤分为"任务"和"步骤"两个级别，说明如下。

- 每个"步骤"操作视其复杂程度，其下面可含有多级子操作。例如，**步骤 01** 下可能包含（1）、（2）、（3）等子操作，（1）子操作下可能包含①、②、③等子操作，①子操作下可能包含 a）、b）、c）等子操作。

- 对于多个任务的操作，则对每个"任务"冠以 **任务 01**、**任务 02**、**任务 03** 等，每个"任务"操作下则包含"步骤"级别的操作。

- 由于已建议读者将随书光盘中的所有文件复制到计算机硬盘的 D 盘中，所以书中在要求设置工作目录或打开光盘文件时，所述的路径均以"D:"开始。

目　　录

第 01 章　Inventor 2014 基础

1.1　Inventor 各模块简介 1
1.2　Inventor 2014 软件的新功能 3
1.3　Inventor 2014 的安装 3
　　1.3.1　安装要求 3
　　1.3.2　安装过程 4
1.4　创建用户文件夹 5
1.5　启动 Inventor 软件 5
1.6　Inventor 2014 用户界面 6
1.7　Inventor 2014 用户界面的定制 11
　　1.7.1　功能区的自定义 11
　　1.7.2　键盘的自定义 12
　　1.7.3　标记菜单的自定义 12
1.8　模型显示的设置 13
　　1.8.1　模型显示的方式 13
　　1.8.2　工作环境的设置 14
1.9　Inventor 鼠标的操作方法和技巧 16
　　1.9.1　鼠标的操作 17
　　1.9.2　对象的选择 17
1.10　在 Inventor 中操作文件 17
　　1.10.1　打开文件 17
　　1.10.2　保存文件 18
　　1.10.3　关闭文件 18

第 02 章　二维草图的绘制

2.1　进入/退出草图环境的操作 19
2.2　草图环境中的工具按钮 20
2.3　对草图进行环境设置 20
2.4　绘制二维草图 21
　　2.4.1　直线 21
　　2.4.2　矩形 23
　　2.4.3　绘制圆 24
　　2.4.4　绘制椭圆 25
　　2.4.5　绘制圆弧 25
　　2.4.6　倒角 26
　　2.4.7　圆角 26
　　2.4.8　样条曲线 27
　　2.4.9　多边形 28
　　2.4.10　绘制文本轮廓 29
　　2.4.11　点的创建 30

第 03 章　二维草图的编辑及约束
　　3.1　编辑二维草图 31
　　　　3.1.1　删除草图图元 31
　　　　3.1.2　操纵草图图元 31
　　　　3.1.3　剪裁草图图元 33
　　　　3.1.4　延伸草图图元 34
　　　　3.1.5　拉伸草图图元 34
　　　　3.1.6　分割草图图元 35
　　　　3.1.7　变换草图图元 35
　　　　3.1.8　投影 39
　　　　3.1.9　偏移草图图元 40
　　　　3.1.10　将一般元素转换为构造元素 40
　　3.2　二维草图约束 41
　　　　3.2.1　几何约束 41
　　　　3.2.2　尺寸约束 48
　　3.3　完全约束 51
　　3.4　对尺寸标注进行更改 51
　　　　3.4.1　尺寸的移动 51
　　　　3.4.2　尺寸值修改的步骤 51
　　　　3.4.3　删除尺寸 52
　　　　3.4.4　对尺寸精度进行修改 52
　　3.5　草图设计综合应用 53
　　　　3.5.1　草图设计综合应用一 53
　　　　3.5.2　草图设计综合应用二 55
　　　　3.5.3　草图设计综合应用三 55

第 04 章　零件设计（基础）
　　4.1　Inventor 零件设计的一般方法 56
　　　　4.1.1　零件文件的新建步骤 57
　　　　4.1.2　创建一个拉伸特征作为零件的基础特征 57
　　　　4.1.3　创建其他特征 65
　　4.2　模型的显示与控制 67
　　　　4.2.1　模型的移动、旋转与缩放 67
　　　　4.2.2　模型的视图定向 69
　　　　4.2.3　模型的剖切 70
　　4.3　旋转特征 71
　　　　4.3.1　旋转特征概述 71
　　　　4.3.2　旋转切削特征 73
　　4.4　Inventor 的浏览器 74
　　　　4.4.1　浏览器界面简介 74
　　　　4.4.2　浏览器的作用与一般操作 74
　　4.5　零件模型属性的设置 75
　　　　4.5.1　零件模型材料的设置 75
　　　　4.5.2　零件模型单位的设置 76

第 05 章　零件设计（高级）
　　5.1　参考几何体 78
　　　　5.1.1　工作平面 78
　　　　5.1.2　工作轴 81

        5.1.3　工作点 83

        5.1.4　用户坐标系 84

    5.2　孔特征 85

        5.2.1　简单直孔 85

        5.2.2　标准孔 87

    5.3　修饰特征 88

        5.3.1　螺纹特征 88

        5.3.2　倒角特征 89

        5.3.3　圆角特征 91

        5.3.4　抽壳特征 97

        5.3.5　拔模特征 99

    5.4　加强筋（肋板）特征 101

    5.5　扫掠特征 103

        5.5.1　创建扫掠特征的一般过程 103

        5.5.2　创建扫掠切削特征的一般过程 105

    5.6　螺旋扫掠特征 105

    5.7　放样特征 107

        5.7.1　创建放样特征的一般过程 107

        5.7.2　创建放样切削特征的一般过程 109

    5.8　凸雕特征 109

    5.9　特征变换的几种方式 110

        5.9.1　特征的镜像复制 110

        5.9.2　特征的一般复制 111

        5.9.3　矩形阵列 112

        5.9.4　环形阵列 114

        5.9.5　删除阵列 115

    5.10　对特征进行编辑 116

        5.10.1　编辑特征的操作 116

        5.10.2　三维夹点的编辑 117

        5.10.3　编辑特征的显示与隐藏 118

        5.10.4　特征的抑制 119

        5.10.5　删除特征 120

        5.10.6　编辑特征的名称 120

        5.10.7　编辑特征尺寸 121

    5.11　特征的重新排序及插入操作 121

        5.11.1　概述 121

        5.11.2　重新排序的操作方法 122

        5.11.3　特征的插入操作 122

    5.12　特征的多级撤销/重做功能 123

    5.13　特征生成失败及其解决方法 124

        5.13.1　特征生成失败的出现 124

        5.13.2　特征生成失败的解决方法 125

    5.14　模型的测量 126

        5.14.1　测量距离 126

        5.14.2　测量角度 128

        5.14.3　测量面积及周长 129

        5.14.4　测量曲线长度 130

        5.14.5　模型的质量属性分析 131

5.15　零件设计综合应用 132
　　5.15.1　零件设计综合应用一 132
　　5.15.2　零件设计综合应用二 136
　　5.15.3　零件设计综合应用三 140
　　5.15.4　零件设计综合应用四 140
　　5.15.5　零件设计综合应用五 141
　　5.15.6　零件设计综合应用六 141
　　5.15.7　零件设计综合应用七 141

第 06 章　装配设计
6.1　概述 142
6.2　装配约束 142
　　6.2.1　"配合/齐平"约束 143
　　6.2.2　"角度"约束 143
　　6.2.3　"相切"约束 144
　　6.2.4　"插入"约束 144
6.3　装配的过程和方法 145
　　6.3.1　新建装配文件 145
　　6.3.2　装配第一个零件 146
　　6.3.3　装配其余零件 146
6.4　零部件的复制 150
　　6.4.1　镜像 150
　　6.4.2　矩形阵列 152
　　6.4.3　环形阵列 153
　　6.4.4　关联阵列 154
6.5　在装配体中修改零部件 155
　　6.5.1　更改浏览器中零部件的名称 155
　　6.5.2　修改零部件的尺寸 156
6.6　装配体爆炸视图 156
6.7　简化表示 159
　　6.7.1　切换零部件的显示状态 160
　　6.7.2　抑制零部件 160
6.8　装配干涉分析 161
6.9　装配设计综合应用 162

第 07 章　曲面设计
7.1　概述 169
7.2　创建曲线 169
　　7.2.1　通过参考点的曲线 169
　　7.2.2　投影曲线 170
　　7.2.3　分割曲线 171
　　7.2.4　相交曲线 172
　　7.2.5　螺旋线 173
7.3　创建基本曲面 175
　　7.3.1　拉伸曲面 175
　　7.3.2　旋转曲面 176
　　7.3.3　偏移曲面 176
　　7.3.4　边界嵌片 177
　　7.3.5　扫描曲面 178

　　　7.3.6　放样曲面 179
　7.4　曲线与曲面的曲率分析 180
　　　7.4.1　曲线曲率的显示 180
　　　7.4.2　曲面曲率的显示 180
　　　7.4.3　曲面斑马条纹的显示 181
　7.5　对曲面进行编辑 182
　　　7.5.1　曲面的延伸 182
　　　7.5.2　曲面的剪裁 183
　　　7.5.3　曲面的缝合 184
　　　7.5.4　删除面 184
　7.6　曲面的圆角 185
　　　7.6.1　等半径圆角 185
　　　7.6.2　变半径圆角 186
　　　7.6.3　面圆角 187
　　　7.6.4　完整圆角 188
　7.7　曲面实体化操作 188
　　　7.7.1　封闭曲面 188
　　　7.7.2　加厚曲面 189
　　　7.7.3　替换面 190
　7.8　曲面设计综合应用 191
　　　7.8.1　曲面设计综合应用一 191
　　　7.8.2　曲面设计综合应用二 203
　　　7.8.3　曲面设计综合应用三 204
　　　7.8.4　曲面设计综合应用四 204
　　　7.8.5　曲面设计综合应用五 205
　　　7.8.6　曲面设计综合应用六 205
　　　7.8.7　曲面设计综合应用七 206

第 08 章　工程图设计
　8.1　工程图的组成 207
　8.2　工程图环境中的功能选项卡 208
　8.3　工程图环境的设置 210
　8.4　新建工程图 212
　8.5　工程图视图 212
　　　8.5.1　基本视图 212
　　　8.5.2　视图基本操作 214
　　　8.5.3　视图的显示方式 215
　　　8.5.4　斜视图 216
　　　8.5.5　创建全剖视图 217
　　　8.5.6　创建半剖视图 218
　　　8.5.7　创建阶梯剖视图 218
　　　8.5.8　创建旋转剖视图 219
　　　8.5.9　创建局部剖视图 220
　　　8.5.10　创建局部放大图 221
　　　8.5.11　断裂视图 221
　　　8.5.12　断面图 223
　8.6　工程图标注 223
　　　8.6.1　尺寸标注 224

　　　　8.6.2　尺寸标注基本操作 227
　　　　8.6.3　尺寸公差标注 230
　　　　8.6.4　基准符号标注 231
　　　　8.6.5　形位公差标注 232
　　　　8.6.6　表面粗糙度标注 233
　　　　8.6.7　焊接标注 233
　　　　8.6.8　注释文本标注 235
　　8.7　Inventor 软件的打印出图 237
　　8.8　工程图设计综合应用 239

第 1 章　Inventor 2014 基础

1.1　Inventor 各模块简介

Inventor 是美国 Autodesk 公司推出的一款三维可视化实体建模软件，Autodesk Inventor 产品系列正在改变传统的 CAD 工作流程：它简化了复杂三维模型的创建，这样工程师就可专注于设计的功能，通过快速创建数字样机，并利用数字样机来验证设计的功能，可在投产前更容易发现设计中的错误，及时进行更改，以更快的速度把新的产品推向市场。

Inventor 的主要应用模块简介如下。

◆　零件设计

Inventor 可以帮助设计人员更为轻松地重复利用已有的设计数据，生动地表现设计意图。借助其中全面关联的模型，零件设计中的任何变化都可以反映到装配模型和工程图文件中。由此，设计人员的工作效率将得到显著提高。Inventor 还可以把经常使用的自定义特征和零件的设计标准化和系列化，从而提高客户的生产效率。利用 Inventor 中的 iPart 技术，设计公司可以轻松地设置智能零件库，以确保始终以同种方式创建常用零件。

◆　装配设计

Inventor 将设计加速器与易于使用的装配工具相结合，使用户可以确保装配设计中每一个零部件的安装正确。精确地验证干涉情况和各种属性，以便快速创建高质量的产品。Inventor 提供的强大工具可有效控制和管理大型装配设计中创建的数据，因此用户只需专心工作在所关心的部分零部件上。

◆　钣金设计

Autodesk Inventor 能够帮助用户简化复杂钣金零件的设计。Inventor 中的数字样机结合了加工信息（如冲压工具参数和自定义的折弯表）、精确的钣金折弯模型以及展开模型编辑环境。在展开模型编辑环境中，工程师可以对钣金展开模型进行细微的改动。因此能够帮助用户提高设计钣金零件的效率。

◆　电缆线束设计

从电路设计软件导出的导线表，可以接着进行电缆和线束设计，将电缆与线束（包括软质排线）集成到数字样机中，用户可以准确地计算路径长度，避免过小的弯曲半径，并确保电气零部件与机械零部件匹配，从而节约大量时间和成本。

◆ 管线设计

用户可以按照最小或最大长度标准以及折弯半径等布管规则选择不同的布管方式。此外，用户也可以通过创建三维几何草图手动定义管线，或利用管线编辑工具交互式创建管线。自动布好的管段可以与用户定义的管段结合在一起，让用户实现最大限度的控制。

◆ 工程制图

Autodesk Inventor 中包含从数字样机中生成工程设计和制造文档的全套工具。这些工具可减少设计错误，缩短设计交付时间。Inventor 还支持所有主流的绘图标准，与三维模型的完全关联（在出现设计变更时，工程图将同步更新），以及 DWG 输出格式，因此是创建和共享 DWG 工程图的理想选择。

◆ 工程师手册

设计加速器中的工程师手册提供了丰富的工程理论、公式和算法参考资料，以及一个可在 Inventor 中任意位置访问的设计知识库。

◆ 内置的零部件数据库资源库

LinkAble PARTcommunity 旨在为基于 Inventor 环境的设计者提供完善而有效的零部件三维数据资源，用于本地产品的开发和配置。LinkAble PARTcommunity 除包含完整的 ISO / EN / DIN 标准件模型数据资源外，更囊括数百家国内外厂商的零部件产品模型，涉及气动、液压、FA 自动化、五金、管路、操作件、阀门、紧固件等多个门类，能够满足机电产品及装备制造业企业的产品研发人员日常所需。

PARTsolutions 是翎瑞鸿翔与德国 CADENAS 共同面向中国市场推出的 Inventor 离线版零部件数据资源库解决方案，它不仅可提供比 PARTcommunity 更为丰富的零部件数据资源，而且采取局域网服务器-客户端安装方式，大大提高了 Inventor 终端对模型数据的搜索和调用效率。此外，PARTsolutions 可与 Inventor 及其 PLM 环境实现紧密集成，实现企业内部物料信息与模型信息的对接，从而在源头上避免和减少了一物多码现象。同时，为了满足制造业行业的需求，该模型库提供企业自有数据资源的配置模块，可为企业本地服务器提供兼容多CAD 环境的企业标准件和特定供应商产品数据的配置任务。

◆ 运动仿真模块

借助 Autodesk Inventor Professional 的运动仿真功能，用户能了解机器在真实条件下如何运转，而能节省花费在构建物理样机上的成本、时间和高额的咨询费用。用户可以根据实际工况添加载荷、摩擦特性和运动约束，然后通过运行仿真功能验证设计。借助与应力分析模块的无缝集成，可将工况传递到某一个零件上，来优化零部件设计。

1.2　Inventor 2014 软件的新功能

Inventor 2014 是目前市场上最新版本的 Inventor 系列软件之一，继续保持了行业领先的地位，帮助机械设计师更快地开发更优秀的产品。相比于早期版本，Inventor 2014 做出了如下改进。

◆ 在草图环境中新增"槽口"命令，利用该命令可以方便地生成腰孔之类的槽口特征。

◆ 在装配环境中新增对称约束，就像在草图状态下为草图元素建立对称几何约束一样，为装配体中的两个部件建立对称约束。

◆ 2014 版新增了大型组件装配快速模式，可以显著提高性能。

◆ 2014 版新增自相交扫掠功能，可以解决之前版本完不成的或完成后有破面的扫掠。

◆ 2014 版新增自相交螺旋，可以解决以前版本无法做到让螺旋体互相挨着，只要一操作就报错的情况。

◆ 在 2014 版本中材质编辑器转变为分页式浏览。

　　　　以上有关 Inventor 2014 的功能模块的介绍仅供参考，如有变动应以 Autodesk 公司的最新相关正式资料为准，特此说明。

1.3　Inventor 2014 的安装

1.3.1　安装要求

1. 硬件要求

Inventor 2014 软件系统可在工作站（Work station）或个人计算机（PC）上运行。如果在个人计算机上安装，为了保证软件安全和正常使用，计算机硬件要求如下。

◆ CPU 芯片：一般要求 Pentium 4 以上，推荐使用 Intel 公司生产的酷睿四核处理器。

◆ 内存：一般要求 2GB 以上。如果要装配大型部件或产品，进行结构、运动仿真分析或产生数控加工程序，则建议使用 4GB 以上的内存。

◆ 显卡：一般要求支持 Open_GL 的 3D 显卡，分辨率为 1024×768 像素以上，推荐至少使用 64 位独立显卡，显存 512MB 以上。如果显卡性能太低，打开软件后，会自动退出。

◆ 硬盘：安装 Inventor 2014 软件系统的基本模块，需要 8GB 左右的硬盘空间，考虑到软件启动后虚拟内存及获取联机帮助的需要，建议在硬盘上准备 15GB 以上的空间。

◆ 鼠标：强烈建议使用三键（带滚轮）鼠标，如果使用二键鼠标或不带滚轮的三键鼠标，会极大地影响工作效率。

◆ 显示器：一般要求使用 15in 以上显示器。

◆ 键盘：标准键盘。

2. 系统要求

如果在工作站上运行 Inventor 2014 软件，操作系统可以为 UNIX 或 Windows NT；如果在个人计算机上运行，操作系统可以为 Windows NT、Windows 98/ME/2000/XP，推荐使用 Windows XP Professional。

1.3.2 安装过程

单机版的 Inventor 2014（中文版）在各种操作系统下的安装过程基本相同，下面仅以 Windows XP Professional 为例，说明其安装过程。

 本书中的软件界面的显示状态为"Windows 经典模式"，下面以 Windows XP Professional 操作系统为例说明设置过程：先选择 Windows 的 ⊞开始 ➡️ 设置(S) ➡️ 控制面板(C) 命令，然后在控制面板中，双击图 标 显示；最后在"显示属性"对话框中将 主题(T): 设置为 Windows 经典，并单击 确定 按钮。

步骤 **01** 将 Inventor 2014 的安装光盘放入光驱内（如果已将系统安装文件复制到硬盘上，可双击系统安装目录下的 Setup.exe 文件）。

步骤 **02** 系统显示"设置初始化"界面。等待数秒后，在弹出的图 1.3.1 所示的"Autodesk Inventor 2014"界面（一）中单击"安装"按钮。

图 1.3.1 "Autodesk Inventor 2014"界面（一）

步骤 03 系统弹出"Autodesk_Inventor 2014"界面（二），在 国家或地区:下拉列表中选择 China 选项，选中 ● 我接受 复选框，单击对话框中的 下一步 按钮。

步骤 04 系统弹出"Autodesk_Inventor 2014"界面（三），选择相应的产品类型并将序列号和产品密钥输入对应的文本框中，单击对话框中的 下一步 按钮。

步骤 05 系统弹出"Autodesk_Inventor 2014"界面（四），单击对话框中的 下一步 按钮。

步骤 06 系统弹出"Autodesk_Inventor 2014"界面（五），采用系统默认的安装配置，单击对话框中的 安装 按钮，此时系统显示图 1.3.2 所示的"安装进度"界面。

图 1.3.2　"安装进度"界面

步骤 07 系统继续安装 Inventor 2014 软件，经过几分钟后，Inventor 2014 软件安装完成，系统弹出"安装完成"界面，单击该对话框中的 完成 按钮。

1.4　创建用户文件夹

使用 Inventor 软件时，应该注意文件的目录管理。如果文件管理混乱，会造成系统找不到正确的相关文件，从而严重影响 Inventor 软件的安全相关性，同时也会使文件的保存、删除等操作产生混乱，因此应按照操作者的姓名、产品名称（或型号）建立用户文件目录，如本书要求在 D 盘上创建一个名为 Inventor-course 的文件夹作为用户目录。

1.5　启动 Inventor 软件

一般来说，有两种方法可启动并进入 Inventor 软件环境。

方法一：双击 Windows 桌面上的 Autodesk Inventor 软件快捷图标（图 1.5.1）。

图 1.5.1　Inventor 快捷图标

　　　　只要是正常安装，Windows 桌面上均会显示 Autodesk Inventor 软件快捷图标。快捷图标的名称，可根据需要进行修改。

　　方法二：从 Windows 系统的"开始"菜单进入 Inventor，操作方法如下。

步骤 01 单击 Windows 桌面左下角的 [开始] 按钮。

步骤 02 选择 [程序(P)] ➡ [Autodesk] ➡ [Autodesk Inventor 2014] ➡ [Autodesk Inventor 2014 - 简体中文 (Simplified Chinese)] 命令，如图 1.5.2 所示，系统便进入 Inventor 软件环境。

图 1.5.2　Windows "开始"菜单

1.6　Inventor 2014 用户界面

在学习本节时，请先打开目录 D:\invsc14 \work\ch01.06 下的 base.ipt 文件。

　　　　打开文件的操作请参考本书 1.10.1 节中的有关内容。如果在 Windows XP 操作系统的窗口中看不到文件的后缀（只显示 base），可进行这样的操作：在 Windows 窗口中选择下拉菜单 [工具(T)] ➡ [文件夹选项(O)...] 命令，如图 1.6.1 所示，在"文件夹选项"对话框的 [查看] 选项卡中，取消选中 □ [隐藏已知文件类型的扩展名]，如图 1.6.2 所示。

图 1.6.1 "工具"下拉菜单 图 1.6.2 "文件夹选项"对话框

图 1.6.3 所示的 Inventor 2014 用户界面中包括"应用程序菜单"按钮、快速访问工具栏、标题栏、功能区面板、浏览器、图形区、消息区、信息中心、View Cube 工具，以及动态观察导航区。

图 1.6.3 Inventor 2014 界面

1. 应用程序菜单按钮

单击"应用程序菜单"按钮 可以弹出"应用程序菜单"下拉菜单，该菜单用于新建、打开和保存文件，并能设置系统的配置选项。

2. 快速访问工具栏

快速访问工具栏中包含用于新建、保存、修改模型和设置 Inventor 模型的材料和外观等命令。快速访问工具栏为快速进入命令及设置工作环境提供了极大的方便，用户可以根据具体情况定制快速访问工具栏。

3. 标题栏

标题栏显示了当前活动的模型文件的名称。

4. 信息中心

信息中心是 Autodesk 产品独有的界面，使用该功能可以搜索信息、显示关注的网址、帮助用户实时获得网络支持和服务等。

5. 功能区面板

功能区面板显示了 Inventor 建模中的所有功能按钮，并以选项卡的形式进行分类；有的面板中没有足够的空间显示所有的按钮，用户在使用时可以单击下方带三角的按钮，以展开折叠区域，显示其他相关的命令按钮；如果在 Inventor 中分别打开零件、装配和工程图文件，则功能区变化分别如图 1.6.4a~图 1.6.4c 所示。

图 1.6.4a 零件功能面板

图 1.6.4b 装配功能面板

图 1.6.4c 工程图文件功能面板

注意　用户会看到有些菜单命令和按钮处于非激活状态（呈灰色，即暗色），这是因为它们目前还没有处在发挥功能的环境中，一旦它们进入有关的环境，便会自动激活。

下面是零件模块功能区中部分选项卡的介绍。

◆ 图 1.6.5 所示的"三维模型"选项卡包含 Inventor 中所有的零件建模工具，主要有实体建模工具、平面工具、草图工具、阵列工具及特征编辑工具等。

◆ 图 1.6.6 所示的"检验"选项卡用于测量零件中的物理属性，并能检测曲线和曲面的光顺程度。

◆ 图 1.6.7 所示的"工具"选项卡用于特征模型的外观的设置、物理属性的测量、系统选项的设置以及零部件的查找等。

◆ 图 1.6.8 所示的"管理"选项卡用于更新模型文件、修改模型参数、生成零部件和创建钣金冲压工具等。

图 1.6.5　"三维模型"选项卡

图 1.6.6　"检验"选项卡

图 1.6.7　"工具"选项卡

图 1.6.8 "管理"选项卡

◆ 图 1.6.9 所示的"视图"选项卡主要用于设置管理模型的视图,可以调整模型的显示效果,设置显示样式,控制基准特征的显示与隐藏,进行文件窗口管理等。

图 1.6.9 "视图"选项卡

◆ 图 1.6.10 所示的"环境"选项卡用于将当前实体建模环境转换到钣金建模环境。

图 1.6.10 "环境"选项卡

6. 浏览器

浏览器中列出了活动文件中的所有零件、特征以及基准和坐标系等,并以树的形式显示模型结构。通过"浏览器"可以很方便地查看及修改模型。

通过"浏览器"可以使以下操作更为简洁快速:

◆ 通过右击某特征,然后选择 **特性(P)** 命令修改特征的显示名称。

◆ 通过右击某特征,然后选择 **显示尺寸(M)** 命令来显示特征的尺寸。

◆ 通过右击某特征,然后选择 **编辑特征** 命令来修改特征参数。

◆ 重排序特征，在浏览器中通过拖动及放置来重新调整特征的创建顺序。

7. 图形区

Inventor 各种模型图像的显示区。

8. 信息区

在用户操作软件的过程中，信息会实时地显示与当前操作相关的提示信息等，以引导用户的操作。

9. ViewCube 工具

ViewCube 工具直观地反映了图形在三维空间内的方向，是模型在二维模型空间或三维视觉样式中处理图形时的一种导航工具。使用 ViewCube 工具，可以方便地调整模型的视点，可使模型在标准视图和等轴测视图间切换。

10. 导航栏

导航栏包含通用导航工具和特定于产品的导航工具。

1.7 Inventor 2014 用户界面的定制

本节主要介绍 Inventor 中的自定义功能，让读者对软件工作界面的自定义了然于心，从而合理地设置工作环境。

进入 Inventor 系统后，在建模环境下选择下拉菜单 工具 ➡ 🗋 自定义 命令，系统弹出图 1.7.1 所示的"自定义"对话框，利用此对话框可对工作界面进行自定义。

图 1.7.1 "自定义"对话框

1.7.1 功能区的自定义

在图 1.7.1 所示的"自定义"对话框中单击 功能区 选项卡，即可进行功能区面板的自定义。通过此选项卡，用户可以控制工具栏在工作界面中的显示。在"自定义"对话框左侧的列表框中选择某命令，单击 >> 按钮，单击 应用(A) 按钮，此时选择的命令工具栏将在工具栏中显示。

1.7.2　键盘的自定义

在"自定义"对话框中单击 键盘 选项卡（图 1.7.2），即可设置执行命令的快捷键，这样能快速方便地执行命令，提高效率。

图 1.7.2　"自定义"对话框'键盘'选项卡

1.7.3　标记菜单的自定义

在"自定义"对话框中单击 标记菜单 选项卡，即可设置标记菜单中的各个命令的自定义。

 在图形区右击，即可弹出标记菜单，图 1.7.3 所示是在零件环境下的标记菜单。用户可根据自己的操作习惯，来对标记菜单中的命令及其位置进行自定义。

图 1.7.3　"自定义"对话框'标记菜单'选项卡

下面以图 1.7.4 所示的标记菜单来说明标记菜单自定义的一般操作过程。

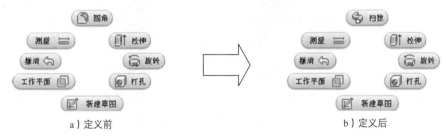

　　　　　　　a）定义前　　　　　　　　　　　　　　　　　b）定义后

图 1.7.4　标记菜单自定义

步骤 01　在图 1.7.3 所示的"自定义"对话框的 环境 下拉列表中选择 零件 选项，

步骤 02　单击 圆角 按钮，在 搜索命令 下拉列表中选择 所有命令 选项，并在其下方的下拉列表中选择 扫掠 选项。

步骤 03　单击 确定 按钮，完成标记菜单的自定义。

1.8　模型显示的设置

1.8.1　模型显示的方式

　　在 Inventor 软件中，模型有十种显示方式，单击 视图 功能选项卡 外观 ▼ 区域中的"视觉样式"按钮 🔳 ，在弹出的菜单中选择相应的显示样式，可以切换模型的显示方式。

　　a）真实显示方式　　　　　　　b）着色显示方式　　　　　c）带边着色显示方式

　d）带隐藏边着色显示方式　　　　e）线框显示方式　　　　f）带隐藏边的线框显示

g）可见边显示方式　　　　　h）灰度显示方式　　　　　i）水彩色显示方式　　　　　j）插图显示方式

图 1.8.1　模型的十种显示方式

- ◆ 显示方式（真实）：使用真实外观显示零部件的材料、颜色和纹理，如图 1.8.1a 所示。

- ◆ 显示方式（着色）：将可见零部件显示为着色对象，模型边为不可见，如图 1.8.1b 所示。

- ◆ 显示方式（带边着色）：使用标准外观显示零部件，且外部模型边为可见，如图 1.8.1c 所示。

- ◆ 显示方式（带隐藏边着色）：使用标准外观显示零部件，且隐藏模型边可见，如图 1.8.1d 所示。

- ◆ 显示方式（线框）：模型以线框形式显示，模型所有的边线显示为深颜色的实线，如图 1.8.1e 所示。

- ◆ 显示方式（带隐藏边的线框）：模型以线框形式显示，可见的边线显示为深颜色的实线，不可见的边线显示为虚线，如图 1.8.1f 所示。

- ◆ 显示方式（仅带可见边的线框）：模型以线框形式显示，可见的边线显示为深颜色的实线，不可见的边线被隐藏起来（不显示），如图 1.8.1g 所示。

- ◆ 显示方式（灰度）：使用灰度的简化外观显示可见的零部件，如图 1.8.1h 所示。

- ◆ 显示方式（水彩色）：使用手绘水彩色外观显示可见的零部件，如图 1.8.1i 所示。

- ◆ 显示方式（插图）：使用手绘外观显示可见的零部件，如图 1.8.1j 所示。

1.8.2　工作环境的设置

设置 Inventor 的工作环境是用户学习和使用 Inventor 应该掌握的基本技能，合理设置 Inventor 的工作环境，对于提高工作效率、使用个性化环境具有极其重要的意义。Inventor 中的环境设置包括"应用程序选项"和"文档设置"的设置。

1．应用程序选项的设置

单击 `工具` 选项卡 `选项 ▾` 区域中的"应用程序选项"按钮 ▦，系统弹出"应用程序选项"对话框，利用该对话框可以设置草图、颜色、显示和工程图等参数。在该对话框单击 `草图` 选项卡（图 1.8.2），此时可以设置草图的相关选项。在对话框中单击 `颜色` 选项卡（图 1.8.3），可以设置 Inventor 环境中的颜色。单击"应用程序选项"对话框中的 `导出(X)...` 按钮，可以将设置的颜色方案保存。

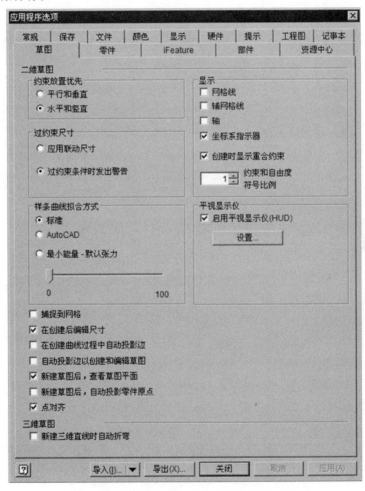

图 1.8.2 "应用程序选项"对话框草图选项卡

2．文档设置

单击 `工具` 选项卡 `选项 ▾` 区域中的"文档设置"按钮 ▤，系统弹出"文档设置"对话框（图 1.8.4），利用此对话框可以设置有关标注、单位、草图及造型的一些参数。

图 1.8.3 "应用程序选项"对话框颜色选项卡

图 1.8.4 "文档设置"对话框

1.9 Inventor 鼠标的操作方法和技巧

Inventor 软件的使用以鼠标操作为主，用键盘输入数值。执行命令时，主要是用鼠标单击工具图标，也可以通过选择下拉菜单或用键盘输入来执行命令。

1.9.1　鼠标的操作

与其他 CAD 软件类似，Inventor 提供各种鼠标按钮的组合功能，包括执行命令、选择对象、编辑对象以及对视图的平移、旋转和缩放等。

在 Inventor 工作界面中选中的对象被加亮，选择对象时，在图形区与在浏览器上选择是相同的，并且是相互关联的。

移动视图是最常用的操作，如果每次都单击工具栏中的按钮，将会浪费用户很多时间。Inventor 中可以通过鼠标快速地完成视图的移动。

Inventor 中鼠标操作的说明如下。

◆　缩放图形区：滚动鼠标中键滚轮，向前滚动鼠标可看到图形在缩小，向后滚动鼠标可看到图形在变大。

◆　平移图形区：按住鼠标中键，移动鼠标，可看到图形跟着鼠标移动。

◆　旋转图形区：先按住 Shift 键，然后按住鼠标中键，移动鼠标可看到图形在旋转。

1.9.2　对象的选择

下面介绍在 Inventor 中选择对象常用的几种方法。

1. 选取单个对象

◆　直接用鼠标左键单击需要选取的对象。

◆　在"浏览器"中单击对象的名称，即可选择对应的对象，被选取的对象会高亮显示。

2. 选取多个对象

按住 Ctrl 键，用鼠标左键点击多个对象，可选择多个对象。

1.10　在 Inventor 中操作文件

1.10.1　打开文件

进入 Inventor 软件后，假设要打开名称为 base 的文件，其操作过程如下。

步骤 **01**　选择下拉菜单 ■ ➡ 打开 命令(或单击快速访问区中的"打开"按钮 ，或单击 快速入门 选项卡 启动 区域中的 按钮)，系统弹出图 1.10.1 所示的"打开"对话框。

步骤 **02**　在文件列表中选择要打开的文件名 base.ipt，然后单击 打开(0) 按钮，即可打开文件，或者双击文件名也可打开文件。

图 1.10.1　"打开"对话框

1.10.2　保存文件

步骤 01　单击"快速访问工具栏"中的 🔲 按钮（或选择下拉菜单 **I** ➡ 🔲 保存 命令），系统弹出"另存为"对话框，文件名出现在 文件名(N): 文本框中。

步骤 02　在"另存为"对话框的 保存在 (I): 下拉列表中选择文件保存的路径，在 文件名(N): 文本框中输入可以识别的文件名，单击 保存 按钮，即可保存文件。如果不进行保存操作，单击 取消 按钮。

- 下拉菜单中还有一个 🔲 另存为 命令，🔲 保存 与 🔲 另存为 命令的区别在于：🔲 保存 命令是保存当前的文件，🔲 另存为 命令是将当前的文件复制进行保存，并且保存时可以更改文件的名称，原文件不受影响。
- 如果打开多个文件，并对这些文件进行了编辑，可以选择下拉菜单 **I** ➡ 🔲 保存 ➡ 🔲 全部保存 保存所有打开的文件。 命令，将所有文件进行保存。

1.10.3　关闭文件

单击图形区中的 ❌ 按钮（或选择下拉菜单 **I** ➡ ❌ 关闭 命令），关闭文件。

关闭文件操作执行后，系统只退出当前文件，并不退出 Inventor 系统。

第 2 章　二维草图的绘制

2.1　进入/退出草图环境的操作

1. 进入草图设计环境的操作方法

步骤 01　新建零件模型。启动 Inventor 软件后，单击"应用程序菜单"按钮，然后选择下拉菜单 ▭ 新建 ➡ ▭ 零件 命令，新建一个零件模型，系统自动进入零件设计环境。

> 进入零件设计环境还有两种方法。
>
> 方法一：直接单击图 2.1.1 所示的"新建"按钮，系统弹出"新建文件"对话框，选择"Standard.ipt"模板，单击 ▭创建 按钮。
>
> 方法二：在"快速访问"命令条中单击 ▭ 后的 ▾，选择 ▭零件 命令。

图 2.1.1　"创建"界面

步骤 02　在 三维模型 选项卡 草图 区域单击 ▭ 按钮，然后选择 XY 平面为草图平面，系统进入草图设计环境。

> 还有一种进入草绘环境的途径，就是在创建某些特征（例如拉伸、旋转、扫掠等）时，以这些特征命令为入口，进入草绘环境，详见第 4~5 章的有关内容。

2. 退出草图设计环境的操作方法

在草图设计环境中，在 草图 选项卡 退出 区域单击"完成草图"按钮 ✔，即可退出草图设计环境。

退出草绘环境还有两种方法。

方法一: 在 三维模型 选项卡 退出 区域单击 ✔ 按钮。

方法二: 在 三维模型 选项卡 草图 区域单击 ✏ 按钮。

2.2 草图环境中的工具按钮

进入草绘环境后，屏幕上方的 草图 选项卡中会出现草绘时所需要的各种工具按钮，如图 2.2.1 所示。

图 2.2.1 "草图"选项卡

图 2.2.1 所示的 草图 选项卡中各区域的工具按钮的简介如下。

◆ 绘制 ▼ 区域：用于绘制直线、圆、圆弧、矩形和样条曲线等图元。

◆ 约束 ▼ 区域：用于控制草图中的图元与图元之间的几何关系。

◆ 阵列 区域：用于对图元进行矩形阵列、环形阵列和镜像的操作。

◆ 修改 区域：用于对图元进行移动、复制、旋转、修剪、缩放、拉伸和偏置等。

◆ 布局 区域：用于从选定的对象创建零件、零部件或草图块的操作。

◆ 插入 区域：用于将外部图片、表格或者 Autocad 文件插入到草图中。

◆ 格式 ▼ 区域：用于调整图元或者尺寸的格式。

◆ 退出 区域：通过单击该区域中的 ✔ 按钮，可退出草图环境。

2.3 对草图进行环境设置

1. 设置栅格间距

根据模型的大小，可设置草绘环境中的栅格大小。设置合适的栅格大小，可以保证所绘制的图形尺寸与最终尺寸不至于相差太大，以利于尺寸的修改。其操作流程如下。

步骤 01 在 工具 选项卡 选项 ▾ 区域中单击"应用程序选项"按钮 📋，此时系统弹出 "应用程序选项"对话框。

步骤 02 在"应用程序选项"对话框中单击 草图 选项卡，在 显示 区域选中 ☑ 网格线 复选项，单击 确定 按钮。

步骤 03 在 工具 选项卡 选项 ▾ 区域中单击"文档设置"按钮 📄，此时系统弹出"文档设置"对话框，在"文档设置"对话框中单击 草图 选项卡，在"捕捉间距"区域 X 文本框中输入 X 向间距值 10；在 Y 后的文本框中输入 Y 向间距值 10，在网格显示区域中设置数值 1，单击 确定 按钮，完成网格设置。

2．草图设计环境中图形区的快速调整

当显示栅格时，如果看不到栅格，或者栅格太密，可以缩放图形区。如果想调整图形在草图设计环境上下、左右的位置，可以移动图形区。

鼠标操作方法说明如下。

◆ 缩放图形区：滚动鼠标中键滚轮，向前滚可看到图形以光标所在位置为基准在缩小，向后滚可看到图形以光标所在位置为基准在放大（或者按住 F3 键，按住鼠标左键移动鼠标，向前移动图形以光标所在位置为基准在缩小，向后移动可看到图形以光标所在位置为基准在放大）。

◆ 移动图形区：按住鼠标中键移动鼠标，可看到图形跟着鼠标移动。

◆ 旋转图形区：按住 Shift 键，按住鼠标中键移动鼠标，可看到图形跟着鼠标旋转，此时可通过 F5 键调整至上一视图状态，或者通过 ViewCube 工具调整至我们需要的平面上。

　　图形区这样的调整不会改变图形的实际大小和实际空间位置，它的作用是便于用户查看和操作图形。

2.4　绘制二维草图

2.4.1　直线

步骤 01 新建零件文件后，在"三维模型"功能选项卡中单击 🖉 按钮，然后选取 XY 平面为草图平面。

◆ 如果创建新草图，则在进入二维草绘环境之前，必须先选取草图平面，也就是要确定新草图在空间的哪个平面上绘制。

◆ 以后在创建新草图时，如果没有特别的说明，则草图平面为 XY 平面。

◆ 草图平面可以是原始坐标系中的面，也可以是已有特征上的平面，或者是新创建的工作平面。

步骤 02 在 绘制 ▼ 区域中单击"直线"命令按钮 ╱ 。

◆ 在绘图区空白处按住鼠标右键，从系统弹出的图 2.4.1 所示的快捷菜单按钮界面中单击 创建直线 按钮。

◆ 进入草绘环境后，直接单击键盘上的 L 键即可执行直线命令。

图 2.4.1 快捷菜单按钮界面

步骤 03 指定第一点。将鼠标光标移至绘图区中的某点处,然后单击鼠标以指定第一点；此时如果移动鼠标，可看到当前鼠标光标的中心与第一点间有一条"连线"，这条线随着鼠标光标的移动可拉长或缩短，并可绕着第一点转动，一般形象地称这条"连线"为"橡皮筋"。

步骤 04 指定第二点。将鼠标光标移至绘图区的另一点并单击，这样系统便绘制一条线段。此时如果移动鼠标，可看到在第二点与鼠标光标之间产生一条"橡皮筋"，移动鼠标光标可调整"橡皮筋"的长短及位置，以确定下一线段。

步骤 05 重复**步骤 04**，可创建一系列连续的线段。

步骤 06 按 Esc 键，结束直线的绘制。

◆ 在草绘环境中，单击"撤销"按钮 ↺ 可撤销上一个操作，单击"重做"按钮 ↻ 可重新执行被撤销的操作。这两个按钮在草绘环境中十分有用。

◆ Inventor 具有尺寸驱动功能，即图形的大小随着图形尺寸的改变而改变。

◆ 用 Inventor 进行设计，一般是先绘制大致的草图，然后再修改尺寸。

2.4.2　矩形

矩形对于绘制拉伸、旋转的截面草图等十分有用，可省去绘制四条直线的麻烦。

方法一：创建两点矩形

步骤 01　在 绘制 ▼ 区域中单击 □ 矩形 ▼ 中的 ▼，然后单击 □ 矩形 两点 按钮（或在绘图区空白处按住鼠标右键，在弹出的快捷菜单中单击 □ 两点矩形 按钮）。

步骤 02　指定矩形的第一角点。在系统 选择第一个拐角 的提示下，将鼠标光标移至绘图区中的某一点处，并单击以指定矩形的第一个角点，此时移动鼠标，就会有一个临时矩形从该点延伸到光标所在处，并且矩形的大小随光标的移动而不断变化。

步骤 03　指定矩形的第二角点。在系统 选择对角 的提示下，将鼠标光标移至绘图区中的另一点处并单击，以指定矩形的另一个角点，此时系统即在两个对角点间绘制一个矩形并结束命令。

步骤 04　按 Esc 键，结束矩形的绘制。

方法二：创建三点矩形

步骤 01　单击 □ 矩形 ▼ 中的 ▼，然后单击 ◇ 矩形 三点 按钮。

步骤 02　指定矩形的第一角点。在图形区所需位置单击，放置矩形的一个角点，然后拖至所需宽度。

步骤 03　指定矩形的第二个角点。再次单击，放置矩形的第二个角点。此时，绘制出矩形的一条边线，向此边线的法线方向拖动鼠标至所需的大小。

步骤 04　指定矩形的第三个角点。再次单击，放置矩形的第三个角点，此时，系统即在第一个角点、第二个角点和第三个角点间绘制一个矩形。

步骤 05　按 Esc 键，结束矩形的绘制。

方法三：创建两点中心矩形

步骤 01　单击 □ 矩形 ▼ 中的 ▼，然后单击 □ 矩形 两点中心 按钮。

步骤 02　定义矩形的中心点。在图形区所需位置单击，放置矩形的中心点，然后将该矩形拖至所需大小。

步骤 03　定义矩形的一个角点。再次单击，放置矩形的一个边角点。

步骤 04　按 Esc 键，结束矩形的绘制。

方法四：创建三点中心矩形

步骤 01　单击 □ 矩形 ▼ 中的 ▼，然后单击 ◇ 矩形 三点中心 按钮。

步骤 02　定义矩形的中心点。在图形区所需位置单击，放置矩形的中心点，然后将该矩形拖至所需宽度。

步骤 03 定义矩形的一边中点。再次单击，定义矩形一边的中点；然后将该矩形拖至所需长度。

步骤 04 定义矩形的一个角点。再次单击，放置矩形的一个角点。

步骤 05 按 Esc 键，结束矩形的绘制。

2.4.3　绘制圆

方法一：中心/点——通过选取中心点和圆上一点来创建圆

步骤 01 在 绘制 ▼ 区域中单击 ⊘ 圆 ·中的 · ，然后单击 ⊘ 圆心 按钮。

步骤 02 在某位置单击，放置圆的中心点，然后将该圆拖至所需大小并单击左键，完成该圆的创建。

步骤 03 按 Esc 键，结束圆的绘制。

方法二：相切圆——通过选取三条线来创建圆

在确定要相切的三条直线后，可以绘出与三条直线相切的圆。下面以图 2.4.2 所示为例来进行说明。

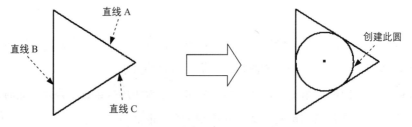

图 2.4.2　通过选取三条直线绘制圆

步骤 01 打开随书光盘中的文件 D:\invsc14\work\ch02.04.03\tan-circle.ipt。

 　　打开草图文件后，需将草图处于编辑轮廓状态，具体方法是通过在"浏览器"区域中右击对应的草图，在弹出的快捷菜单中选择 **编辑草图** 命令，类似操作下文将不再赘述。

步骤 02 在 绘制 ▼ 区域中单击 ⊘ 圆 ·中的 · ，然后单击 ◯ 圆相切 按钮。

步骤 03 选取直线 A 为第一参考元素，选取直线 B 为第二参考元素，选取直线 C 为第三参考元素。

步骤 04 按 Esc 键，结束圆的绘制。

2.4.4　绘制椭圆

步骤 01　在 绘制 ▼ 区域中单击 ⊙ 椭圆 按钮。

步骤 02　定义椭圆中心点。在图形区的某位置单击，放置椭圆的中心点。

步骤 03　定义椭圆长轴。在图形区的某位置单击，定义椭圆的长轴和方向。

步骤 04　确定椭圆短轴。移动鼠标指针，将椭圆拉至所需形状并单击，以定义椭圆的短轴。

步骤 05　按 Esc 键，结束椭圆的绘制。

2.4.5　绘制圆弧

共有三种绘制圆弧的方法。

方法一：三点画圆弧——确定圆弧的两个端点和弧上的一个附加点来创建一个三点圆弧

步骤 01　在 绘制 ▼ 区域中单击 ⌒ 圆弧 ▼ 中的 ▼，然后单击 ⌒ 圆弧 三点 按钮。

步骤 02　在绘图区某位置单击，放置圆弧上的一个端点；在另一位置单击，放置圆弧上的另一端点。

步骤 03　此时移动鼠标指针，圆弧呈"橡皮筋"样变化，单击确定圆弧上的一点。

步骤 04　按 Esc 键，结束圆弧的绘制。

方法二：创建相切圆弧——确定圆弧的一个切点和弧上的一个附加点来创建圆弧

步骤 01　在 绘制 ▼ 区域中单击 ⌒ 圆弧 ▼ 中的 ▼，然后单击 ⌒ 圆弧 相切 按钮。

步骤 02　选取一个图元，在图形区某位置单击作为圆弧的终点，系统便自动创建与这个图元相切的圆弧。

步骤 03　按 Esc 键，结束圆弧的绘制。

注意　　在选取直线时，在不同的位置单击，则可创建不同的相切圆弧。

方法三：中心和点画圆弧——通过圆心、起点和终点绘制圆弧

步骤 01　在 绘制 ▼ 区域中单击 ⌒ 圆弧 ▼ 中的 ▼，然后单击 ⌒ 圆弧 圆心 按钮。

步骤 02　在某位置单击，确定圆弧中心点，然后将圆拖动至所需大小，并在圆上单击两点以确定圆弧的两个端点。

步骤 03　按 Esc 键，结束圆弧的绘制。

2.4.6 倒角

下面以图 2.4.3 为例，说明绘制倒角的一般操作过程。

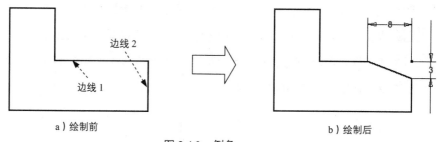

a）绘制前   b）绘制后

图 2.4.3   倒角

步骤 01 打开文件 D:\invsc14\work\ch02.04.06\chamfer.ipt。

步骤 02 在 绘制 ▼ 区域中单击 ⬡ 圆角 ▼ 中的 ▼ ，然后单击 ◸ 倒角 按钮，系统弹出图 2.4.4 所示的"二维倒角"对话框。

图 2.4.4   "二维倒角"对话框

步骤 03 定义倒角参数。在"二维倒角"对话框中单击 ⬚ 按钮，在"倒角边长 1"文本框中输入距离值 8，在"倒角边长 2"文本框中输入距离值 3；在绘图区域选取图 2.4.3 所示的边线 1 与边线 2，系统便在这两个图元间创建倒角，并将两个图元裁剪至交点。

步骤 04 在"二维倒角"对话框中单击 确定 按钮，完成倒角的创建。

图 2.4.4 所示的"二维倒角"对话框中的部分选项的说明如下。

◆ ⬚：采用"相等距离"方式绘制倒角。

◆ ⬚：按照"距离-距离"方式绘制倒角。

◆ ⬚：按照"角度-距离"方式绘制倒角。

◆ 倒角边长 1 文本框：用于输入距离 1。

◆ 倒角边长 2 文本框：用于输入距离 2。

2.4.7 圆角

下面以图 2.4.5 为例，说明绘制圆角的一般操作过程。

步骤 **01**　打开文件 D:\invsc14\work\ch02.04.07\fillet.ipt。

步骤 **02**　在 绘制 ▾ 区域中单击 ◠ 圆角 ▾ 中的 ▾，然后单击 ◠ 圆角 按钮，系统弹出图 2.4.6 所示的"二维圆角"对话框。

a）绘制圆角前　　　　　　　　　　　　b）绘制圆角后

图 2.4.5　圆角　　　　　　　　　　　图 2.4.6　"二维圆角"对话框

步骤 **03**　在"二维圆角"对话框"半径"文本框中输入数值 5，然后选取图 2.4.5 所示的边线 1 与边线 2，系统便在这两个图元间创建圆角，并将两个图元裁剪至交点。

◆　对于具有公共端点的图元，选定这个端点也可以创建圆角，对于没有公共端点的图元，必须选定两条线进行倒圆角。

◆　如果两条线可以成功创建圆角，那么在选定第二条线时，两条线均呈高亮显示的状态，否则只有当前选定的线高亮显示。

◆　当图 2.4.6 所示的 ▣ 被按下时，则此步操作的所有圆角都将被添加"相等"半径的约束，只有一个驱动尺寸，否则每个圆角是各自的驱动尺寸。

2.4.8　样条曲线

共有两种绘制样条曲线的方法，下面将分别介绍。

方法一：通过控制点来创建样条曲线

下面以图 2.4.7 为例，说明绘制样条曲线的一般操作过程。

步骤 **01**　在 绘制 ▾ 区域中单击 ∿ 下的 样条曲线 按钮，然后单击 ∿ 样条曲线 控制顶点 按钮。

步骤 **02**　定义样条曲线的控制顶点。单击一系列点，可观察到一条"橡皮筋"样的线附着在鼠标指针上。

步骤 **03**　单击 ✔ 按钮，结束样条曲线的绘制。

方法二：通过选定的点来创建样条曲线

下面以图 2.4.8 为例，说明绘制样条曲线的一般操作过程。

图 2.4.7　通过控制点来创建样条曲线　　图 2.4.8　通过选定的点来创建样条曲线

步骤 01　在 绘制 ▾ 区域中单击 ╭ 下的 样条曲线 按钮，然后单击 ╭ 样条曲线 插值 按钮。

步骤 02　定义样条曲线的通过点。单击一系列点，可观察到一条"橡皮筋"样的线附着在鼠标指针上。

步骤 03　单击 ✓ 按钮，结束样条曲线的绘制。

2.4.9　多边形

下面介绍多边形的创建方法。

方法一：绘制内接正多边形

步骤 01　在 绘制 ▾ 区域中单击 ⬡ 多边形 按钮，系统弹出图 2.4.9 所示的"多边形"对话框。

步骤 02　在"多边形"对话框中单击"内切"按钮 ⬡，然后在"边数量"文本框中输入边数值 6。

图 2.4.9　"多边形"对话框

此处的"内切"按钮 ⬡，应为"内接"按钮 ⬡，软件翻译有误。

步骤 03　在绘图区的某位置单击，放置多边形的中心点，然后拖动鼠标至多边形所需的大小，单击鼠标左键完成多边形的创建。

步骤 04　按 Esc 键，结束多边形的绘制。

方法二：绘制外切正多边形

步骤 01　在 绘制 ▾ 区域中单击 ⬡ 多边形 按钮，系统弹出"多边形"对话框。

步骤 02　在"多边形"命令条中单击"外切"按钮 ⬡，然后在"边数量"文本框中输入边数值 6。

步骤 03　在绘图区的某位置单击，放置多边形的中心点，然后拖动鼠标至多边形所需的大小，单击鼠标左键完成多边形的创建。

步骤 **04** 按 Esc 键，结束多边形的绘制。

◆ 这里绘制的多边形不是通常概念上的多边形，而是正多边形。

◆ 在 Inventor 中正多边形的边数最少为 3 条，最多可以是 120 条。

◆ 在多边形创建完毕后，多边形的边数无法进行编辑或控制。

2.4.10 绘制文本轮廓

文本轮廓可以作为草图元素创建，也可以在零件上构造代表文本的特征。共有两种绘制文本轮廓的方法，下面将分别介绍。

方法一：绘制普通文本轮廓

下面以图 2.4.10 为例，说明绘制普通文本轮廓的一般操作过程。

步骤 **01** 进入草绘环境后，在 绘制 ▾ 区域中单击 **A** 文本 ⏐▾ 中的 ▾，然后单击 **A** 文本 按钮，再然后在绘图区域合适的位置单击确定文本位置，此时系统弹出图 2.4.11 所示的"文本格式"对话框。

机械设计

图 2.4.10 绘制文本轮廓

图 2.4.11 "文本格式"对话框

步骤 02 在"文本格式"对话框"文本"区域下面输入"机械设计",其他选项采用系统默认设置,然后单击 确定 按钮。

步骤 03 按 Esc 键,结束文本轮廓的绘制。

方法二:绘制几何图元文本轮廓

下面以图 2.4.12 所示为例,说明绘制几何图元文本轮廓的一般操作过程。

步骤 01 打开文件 D:\invsc14\work\ch02.04.10\text-02.ipt。

步骤 02 进入草绘环境后,选取图 2.4.12 所示的圆弧。

步骤 03 在 绘制 ▼ 区域中单击 A 文本 ·中的 · ,然后单击 A 几何图元文本 按钮,此时系统弹出图 2.4.13 所示的"几何图元文本"对话框。

图 2.4.12　绘制几何图元文本　　　　图 2.4.13　"几何图元文本"对话框

步骤 04 在"几何图元文本"对话框"文本"区域下面输入"机械设计",单击 按钮,其他选项采用系统默认设置,然后单击 确定 按钮。

步骤 05 按 Esc 键,结束几何图元文本的绘制。

2.4.11　点的创建

点的创建很简单。在设计曲面时,点会起到很大的作用。

步骤 01 在 绘制 ▼ 区域中单击 ┼ 点 按钮。

步骤 02 在图形区的某位置单击以放置该点。

第 **3** 章　二维草图的编辑及约束

3.1　编辑二维草图

3.1.1　删除草图图元

步骤01　在绘图区单击或框选（框选时要框住整个图元）要删除的图元（可看到被选中的图元颜色发生变化）。

步骤02　按 Delete 键，所选图元即被删除。

3.1.2　操纵草图图元

1. 操纵直线

Inventor 提供了图元操纵功能，可方便地旋转、拉伸和移动图元。

操纵 1 的操作流程：在绘图区把鼠标指针 ↖ 移到直线上，按下左键不放，同时移动鼠标，此时直线随着鼠标指针一起移动（图 3.1.1），达到绘制意图后，松开鼠标左键。

操纵 2 的操作流程：在绘图区把鼠标指针 ↖ 移到直线的某个端点上，按下左键不放，同时移动鼠标(鼠标指针变为 ↖⊞)，此时会看到直线以另一端点为固定点伸缩或转动，如图 3.1.2 所示，达到绘制意图后，松开鼠标左键，结果如图 3.1.3 所示。

图 3.1.1　直线的操纵 1　　　　图 3.1.2　直线的操纵 2　　　　图 3.1.3　操纵结果

2. 操纵圆

操纵 1 的操作流程：把鼠标指针 ↖ 移到圆的边线上，按下左键不放，同时移动鼠标，此时会看到圆在变大或缩小，如图 3.1.4 所示。达到绘制意图后，松开鼠标左键。

操纵 2 的操作流程：把鼠标指针 ↖ 移到圆心上，按下左键不放，同时移动鼠标，此时会看到圆随着指针一起移动，如图 3.1.5 所示。达到绘制意图后，松开鼠标左键。

图 3.1.4　圆的操纵 1

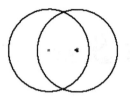

图 3.1.5　圆的操纵 2

3. 操纵圆弧

操纵 1 的操作流程：把鼠标指针移到圆弧上，按下左键不放，同时移动鼠标，此时圆弧以远离鼠标指针的端点为固定点旋转，并且圆弧的圆心角及半径也在变化，如图 3.1.6 所示。达到绘制意图后，松开鼠标左键。

操纵 2 的操作流程：把鼠标指针移到圆弧的端点上，按下左键不放，同时移动鼠标，此时会看到圆弧以另一端点为固定点旋转，并且圆弧的圆心角也在变化，如图 3.1.7 所示。达到绘制意图后，松开鼠标左键。

操纵 3 的操作流程：把鼠标指针移到圆弧的圆心点上，按下左键不放，此时圆弧随着指针一起移动，如图 3.1.8 所示。达到绘制意图后，松开鼠标左键。

图 3.1.6　圆弧的操纵 1　　　　图 3.1.7　圆弧的操纵 2　　　　图 3.1.8　圆弧的操纵 3

4. 操纵样条曲线

操纵 1 的操作流程（图 3.1.9）：把鼠标指针移到样条曲线上，按下左键不放，同时移动鼠标，此时会看到样条曲线随着指针一起移动。达到绘制意图后，松开鼠标左键。

操纵 2 的操作流程（图 3.1.10）：把鼠标指针移到样条曲线的中间点或者端点上，按下左键不放，同时移动鼠标（此时鼠标指针变为），此时样条曲线的另一端点和中间点固定不变，其曲率随着指针移动而变化。达到绘制意图后，松开鼠标左键。

图 3.1.9　样条曲线的操纵 1

图 3.1.10　样条曲线的操纵 2

3.1.3 剪裁草图图元

修剪图形就是指沿着给定的剪切边界来断开对象，并删除该对象位于剪切边某一侧的部分。如果修剪对象没有与剪切边相交，则可以延伸修剪对象，使其与剪切边相交。

1. 修剪相交的对象

下面以图 3.1.11 为例，说明其一般操作步骤。

a）修剪前　　　　　　　　　　　b）修剪后

图 3.1.11　修剪相交图元

步骤 01 打开文件 D:\invsc14\work\ch03.01.03\trim-01.ipt。

步骤 02 在浏览器中右击草图 1，在弹出的快捷菜单中单击 **编辑草图** 按钮。

步骤 03 单击 草图 功能选项卡 修改 区域中的 ✂ 修剪 按钮。

步骤 04 分别单击各相交图元上要去掉的部分，如图 3.1.11b 所示。

也可以通过拖动鼠标指针使其形成轨迹，让轨迹经过要修剪区域即可。

2. 修剪不相交的对象

下面以图 3.1.12 为例，说明其一般操作步骤。

a）修剪前　　　　　　　　　b）修剪后

图 3.1.12　修剪不相交图元

步骤 01 打开文件 D:\ invsc14\work\ch03.01.03\trim-02.ipt。

步骤 02 在浏览器中右击草图 1，在弹出的快捷菜单中单击 **编辑草图** 按钮。

步骤 03 单击 草图 功能选项卡 修改 区域中的 ✂ 修剪 按钮。

步骤 04 单击图元上要去掉的部分，如图 3.1.12b 所示。

3.1.4　延伸草图图元

下面以图 3.1.13 为例，说明延伸草图实体的一般操作过程。

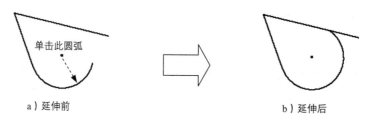

a）延伸前　　　　　　　　　　　　　　　　　b）延伸后

图 3.1.13　延伸草图实体

步骤 01 打开文件 D:\invsc14\work\ch03.01.04\extend.ipt。

步骤 02 在浏览器中右击草图 1，在弹出的快捷菜单中单击 `编辑草图` 按钮。

步骤 03 选择命令。单击 `草图` 选项卡 `修改` 区域的 `延伸` 按钮。

步骤 04 选取要延伸的草图实体。在系统 `选择要延伸的曲线或按住控制键` 的提示下，单击图 3.1.13a 所示的圆弧，系统自动将该圆弧延伸到最近的边界。

3.1.5　拉伸草图图元

下面以图 3.1.14 为例，说明其一般操作步骤。

a）拉伸前　　　　　　　　　　　　　　　　　b）拉伸后

图 3.1.14　拉伸图元

步骤 01 打开文件 D:\invsc14\work\ch03.01.05\stretch.ipt。

步骤 02 在浏览器中右击草图 1，在弹出的快捷菜单中单击 `编辑草图` 按钮。

步骤 03 单击 `草图` 功能选项卡 `修改` 区域中的 `拉伸` 按钮，系统弹出"拉伸"对话框。

步骤 04 在系统 `选择要拉伸的几何图元` 的提示下，选择 3.1.14a 所示的两条边为要拉伸的对象，单击"基准点"按钮 ，在系统 `选择基准点` 的提示下，选择图 3.1.14a 所示的点为基准点；移动鼠标将元素移至所需的位置后单击，如图 3.1.14b 所示。

步骤 05 单击 `完毕` 按钮，完成拉伸图元的操作。

3.1.6　分割草图图元

下面以图 3.1.15 为例，说明分割草图实体的一般操作过程。

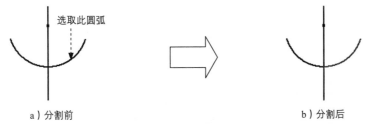

a）分割前　　　　　　　　　　　　　　b）分割后

图 3.1.15　分割草图实体

步骤 01　打开文件 D:\invsc14\work\ch03.01.06\break.ipt。

步骤 02　在浏览器中右击草图 1，在弹出的快捷菜单中单击 编辑草图 按钮。

步骤 03　选择命令。单击 草图 选项卡 修改 区域的 -|- 分割 按钮。

步骤 04　选取要分割的草图实体。在系统 选择要分割的曲线 的提示下，单击图 3.1.15a 所示的圆弧。

步骤 05　按 Esc 键退出，完成分割草图实体的创建，此时将鼠标移动至分割对象时会显示两段。

3.1.7　变换草图图元

1. 缩放草图图元

下面以图 3.1.16 为例，说明缩放草图实体的一般操作过程。

a）缩放前　　　　　　　　　　　　　　b）缩放后

图 3.1.16　缩放草图实体

步骤 01　打开文件 D:\invsc14\work\ch03.01.07\zoom.ipt。

步骤 02　在浏览器中右击草图 1，在弹出的快捷菜单中单击 编辑草图 按钮。

步骤 03　选择命令。单击 草图 选项卡 修改 区域的 缩放 按钮，系统弹出图 3.1.17 所示的"缩放"对话框，然后在图形区框选所有图元为缩放的对象。

图 3.1.17   "缩放"对话框

图 3.1.17 所示的"缩放"对话框中的选项说明如下。

◆ 　: 用于选择要缩放的图元元素，默认情况下，当选取"缩放"命令后，选择命令自动激活。

◆ 　: 用于设置图元元素缩放的中心点。读者也可以选中 ☑精确输入 复选框输入基点的具体 X、Y 坐标值。

◆ 比例系数 文本框: 用于指定对象缩小或者放大的倍数，如果输入了具体数值，对象会及时地发生变化；读者也可以在鼠标的控制下进行缩放，此时该文本框中的数值将随着鼠标在图形窗口中的移动而更新。

◆ ☑优化单个选择: 选中该复选框，读者只能选择单个图元元素；当清除该复选框后，读者可以在选择基点前选取多个几何图元。

步骤 04 定义比例中心点。单击"选择基准点"按钮 　，然后选择圆的圆心为缩放的中心点。

步骤 05 在 比例系数 的文本框中输入数值 0.6，单击 应用 按钮，单击 完毕 按钮，完成草图图元缩放的操作。

2. 旋转草图图元

下面以图 3.1.18 所示的图形为例，说明旋转草图实体的一般操作过程。

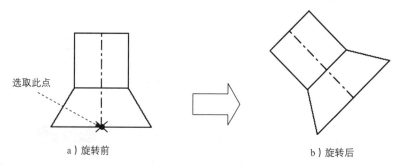

a）旋转前　　　　　　　　　　　　b）旋转后

图 3.1.18   旋转草图实体

步骤 01 打开文件 D:\invsc14\work\ch03.01.07\circumgyrate.ipt。

步骤 02 在浏览器中右击草图 1，在弹出的快捷菜单中单击 编辑草图 按钮。

步骤 03 选择命令。单击 草图 选项卡 修改 区域 ○ 旋转 按钮，系统弹出图 3.1.19 所示的"旋转"对话框。框选图形区的草图为要旋转的对象。

图 3.1.19 "旋转"对话框

步骤 04 定义旋转中心。单击"选择中心点"按钮 ，在图形区选择图 3.1.18a 所示的点作为旋转中心，此时系统弹出图 3.1.20 所示的"Auto Inventor Professional"对话框，单击对话框中的 是(Y) 按钮。

图 3.1.20 "Auto Inventor Professional"对话框

步骤 05 在 角度 的文本框中输入数值 45，单击 应用 按钮，单击 完毕 按钮，完成旋转的操作。

3. 移动草图图元

下面以图 3.1.21 所示的图形为例，说明移动草图实体的一般操作过程。

c）移动后　　　　　　a）移动前　　　　　　b）移动后

图 3.1.21 移动草图图元

步骤 01 打开文件 D:\invsc14\work\ch03.01.07\move.ipt。

步骤 02 在浏览器中右击草图 1，在弹出的快捷菜单中单击 编辑草图 按钮。

步骤 03 选择命令。单击 草图 选项卡 修改 区域的 移动 按钮，系统弹出图 3.1.22 所示的"移动"对话框。

图 3.1.22 "移动"对话框

步骤 04 定义要移动的元素。在图形区选择图 3.1.21a 所示的圆。

步骤 05 定义移动的点。单击"基准点"按钮，在图形区选择圆的圆心作为基准点。然后移动鼠标将元素移动至所需的位置单击。

步骤 06 单击 完毕 按钮，完成草图图元的移动操作。

 若在"移动"对话框中选中 ☑ 复制 复选框，则结果如图 3.1.21c 所示。

4. 镜像草图图元

镜像操作就是围绕定义的直线或轴镜像所选的一个或多个元素，既可以执行不进行复制的镜像，也可以执行进行复制的镜像。下面以图 3.1.23 为例，说明镜像草图实体的一般操作过程。

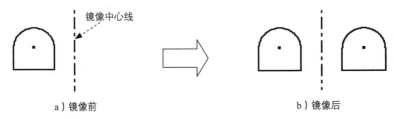

a）镜像前   b）镜像后

图 3.1.23 镜像草图图元

步骤 01 打开文件 D:\invsc14\work\ch03.01.07\mirror.ipt。

步骤 02 在浏览器中右击草图 1，在弹出的快捷菜单中单击 编辑草图 按钮。

步骤 03 选择命令。单击 草图 选项卡 阵列 区域的"镜像"按钮，系统弹出"镜像"对话框。

步骤 **04** 选取要镜像的草图实体。根据系统 选择要镜像的几何图元 的提示，在图形区框选要镜像的草图实体。

步骤 **05** 定义镜像中心线。单击"镜像线"按钮 ，在系统 选择镜像线 的提示下，选择图 3.1.23a 所示的构造线为镜像中心线。

步骤 **06** 单击 应用 按钮，单击 完毕 按钮，完成镜像的操作。

3.1.8 投影

"投影"功能是将其他草图中的集合图形元素、特征或者草图几何图元投影到激活的草图平面上。投影过来的元素与之前的元素具有关联性，原来的元素作了修改，投影过来的元素也会相应地发生变化。由于关联性，这些包含元素的位置都是相对固定的，这会给建模带来极大的方便。下面以图 3.1.24 为例，说明创建投影的一般过程。

步骤 **01** 打开文件 D:\invsc14\work\ch03.01.08\projection.ipt。

步骤 **02** 选择命令。单击 三维模型 选项卡 草图 区域中的 按钮，然后选取图 3.1.24 所示的面为草图平面。

选取此面

选取边线作为投影的对象

生成的投影曲线

a）创建前

b）创建后

图 3.1.24　投影草图图元

步骤 **03** 单击 绘制 ▾ 区域中的 下的 投影几何图元 按钮，然后单击 投影几何图元 按钮。

步骤 **04** 定义要投影的对象。根据系统 选择边、顶点、工作几何图元或草图几何图元来投影。 的提示，在图形区选取图 3.1.24 所示的边线。

步骤 **05** 单击"完成草图"按钮 ，完成图 3.1.24b 所示的投影曲线的创建。

◆ 投影几何图元：将现有对象中的几何图元投影到当前平面上。

◆ 投影切割边：将与草图平面相交的模型边线投影到草图中。

◆ 投影到三维草图：将几何图元从激活的草图平面投影到选定的曲面上。

◆ 投影展开模式：将钣金中的折叠面投影到当前草图。

3.1.9 偏移草图图元

偏移复制是对选定图元（如线、圆弧和圆等）进行同心复制。对于线而言，其圆心为无穷远，因此是平行复制。偏移曲线对象所生成的新对象将变大或变小，这取决于将其放置在源对象的哪一边。例如，将一个圆的偏移对象放置在圆的外面，将生成一个更大的同心圆；向圆的内部偏移，将生成一个小的同心圆。

偏移草图功能可以对现有的图元进行平行偏置，也可以提取已有的实体边在当前草图平面上的投影进行偏置。下面介绍偏移草图的一般操作过程。

步骤 01 打开文件 D:\invsc14\work\ch03.01.09\excursion.ipt，如图 3.1.25a 所示。

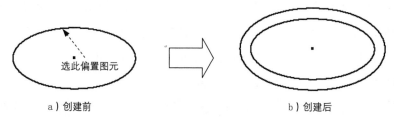

a）创建前　　　　　　　　　　b）创建后

图 3.1.25　偏移草图图元

步骤 02 在浏览器中右击草图 1，在弹出的快捷菜单中单击 编辑草图 按钮，在 修改 区域中单击 偏移 按钮，在图形区中选取图 3.1.25a 所示的图元。

步骤 03 在合适的位置单击确定偏移后的位置，结果如图 3.1.25b 所示。

 读者也可参考状态栏中 偏移 = 3.300 mm 的数值大概放置偏移线。

3.1.10 将一般元素转换为构造元素

Inventor 中构造图元（构造线）的作用是作为辅助线（参考线）。草绘中的直线、圆弧和样条线等图元都可以转化为构造图元。下面以图 3.1.26 为例，说明其创建方法。

a）　一般图元　　　　　　　　b）　构造图元

图 3.1.26　将一般元素转换为构造元素

步骤 01 打开文件 D:\invsc14\work\ch03.01.10\reference.ipt。

步骤 02 在浏览器中右击草图，在弹出的快捷菜单中单击 编辑草图 按钮。

步骤 **03**　选取图 3.1.26a 中的圆,在 格式 ▼ 区域中单击"构造"按钮 ⌐,结果如图 3.1.26b 所示。

3.2　二维草图约束

按照工程技术人员的设计习惯,在草绘时或草绘后,希望对绘制的草图增加一些平行、相切、相等和共线等约束来帮助定位几何图元,Inventor 软件可以很容易地做到这一点。下面对约束进行详细介绍。

3.2.1　几何约束

1. 约束的屏幕显示控制

单击 草图 选项卡 约束 ▼ 区域中的 🔲 按钮,然后框选绘图区域的全部图元即可显示所有约束。

　　读者也可以通过 F8 键与 F9 键来控制约束的显示与隐藏。F8 键用来显示所有约束,F9 键用来隐藏所有约束。

2. 各种约束符号列表

各种约束的显示符号见表 3.2.1。

表 3.2.1　约束符号列表

约束名称	约束显示符号
重合	⌐
共线	⋎
同心	◎
固定	🔒
平行	∥
垂直	∨
水平	▭
竖直	∄
相切	⟁
平滑	⟍
对称	[ ]
等长	=

3. Inventor 软件所支持的约束种类

Inventor 软件所支持的约束种类见表 3.2.2。

表 3.2.2　Inventor 所支持的约束种类

按　钮	约　束
⌐—	使选取的点位于二维或者三维草图中的其他图元中
⅄	使两条直线重合
◎	使选取的两个圆的圆心位置重合
🔒	使选取的草图实体位置固定
//	当两条直线被指定该约束后，这两条直线将自动处于平行状态
✓	使两直线垂直
〃	使直线或两点水平
∄	使直线或两点竖直
♂	使选取的两个草图实体相切
✂	使样条曲线和其他曲线之间建立曲率连接
[:]	使选取的草图实体对称于中心线
=	使选取的直线长度相等或圆弧的半径相等

4. 创建几何约束

下面以图 3.2.1 所示的相切约束为例，说明创建约束的步骤。

（一）　水平竖直约束

步骤 **01**　打开文件 D:\invsc14\work\ch03.02.01\constrain-01.ipt。

步骤 **02**　在浏览器中右击草图，在弹出的快捷菜单中单击 编辑草图 按钮。

步骤 **03**　选择命令。单击 草图 功能选项卡 约束▼ 区域中的"竖直约束"按钮 ∄ 。

步骤 **04**　在系统信息区 选择直线、椭圆轴或第一点 提示下，选取图 3.2.1a 所示的直线 1，添加竖直约束。

步骤 **05**　选择命令。单击 草图 功能选项卡 约束▼ 区域中的"水平约束"按钮 〃 。

步骤 **06**　在系统信息区 选择直线、椭圆轴或第一点 提示下，选取图 3.2.1a 所示的直线 2，添加水平约束。

　　若约束符号不显示，可单击图 3.2.2 所示的"约束"工具格中的 ⊠，然后选取图 3.2.1 所示的直线，此时约束符号即可显示出来。

a）约束前

b）约束后

图 3.2.1 水平竖直约束

图 3.2.2 "约束"工具栏

水平或竖直约束也可以约束两点之间的位置关系，如选取图 3.2.3a 所示的点 1 与点 2 作为水平约束对象则会得到图 3.2.3b 所示的结果。

a）约束前

b）约束后

图 3.2.3 水平约束

（二） 重合约束

步骤 01 打开文件 D:\invsc14\work\ ch03.02.01\constrain-02.ipt。

步骤 02 在浏览器中右击草图，在弹出的快捷菜单中单击 编辑草图 按钮。

步骤 03 选择命令。单击 草图 功能选项卡 约束 ▼ 区域中的"重合约束"按钮 └。

步骤 04 选取图 3.2.4a 所示的点 1 和点 2，系统即添加重合约束，结果如图 3.2.4b 所示。

a）约束前

b）约束后

图 3.2.4 重合约束

重合约束的两个约束对象必须至少有一个是点，本例中若选择圆心与直线作为约束对象则会得到图 3.2.5b 所示的结果。

a）约束前　　　　　　　　　　　　　　b）约束后

图 3.2.5　重合约束

（三）　相切约束

步骤01 打开文件 D:\invsc14\work\ch03.02.01\constrain-03.ipt。

步骤02 在浏览器中右击草图，在弹出的快捷菜单中单击 编辑草图 按钮。

步骤03 单击 草图 功能选项卡 约束 ▼ 区域中的"相切"按钮 ♂。

步骤04 选取图 3.2.6 所示的直线和圆弧，则在这两条线的连接处添加了相切约束，结果如图 3.2.6b 所示。

a）约束前　　　　　　　　　　　　　　b）约束后

图 3.2.6　图元的相切约束

（四）　平行约束

步骤01 打开文件 D:\invsc14\work\ch03.02.01\constrain-04.ipt。

步骤02 在浏览器中右击草图，在弹出的快捷菜单中单击 编辑草图 按钮。

步骤03 选择命令。单击 草图 功能选项卡 约束 ▼ 区域中的"平行约束"按钮 ∥。

步骤04 选取图 3.2.7a 所示的直线 1 和直线 2，则在这两条线上添加了平行约束，结果如图 3.2.7b 所示。

a）约束前　　　　　　　　　　　　　　b）约束后

图 3.2.7　平行约束

（五）相等约束

步骤01 打开文件 D:\invsc14\work\ch03.02.01\constrain-05.ipt。

步骤 02　在浏览器中右击草图，在弹出的快捷菜单中单击 编辑草图 按钮。

步骤 03　选择命令。单击 草图 功能选项卡 约束 ▾ 区域中的 "等长约束" 按钮 ═。

步骤 04　选取图 3.2.8a 所示的圆 1 和圆 2，则在这个圆上添加了相等约束，结果如图 3.2.8b 所示。

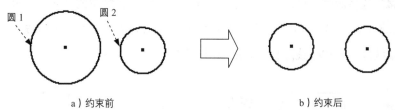

a）约束前　　　　　　　　　　　　　　b）约束后

图 3.2.8　相等约束

（六）　垂直约束

步骤 01　打开文件 D:\invsc14\work\ch03.02.01\constrain-06.ipt。

步骤 02　在浏览器中右击草图，在弹出的快捷菜单中单击 编辑草图 按钮。

步骤 03　选择命令。单击 草图 功能选项卡 约束 ▾ 区域中的 "垂直约束" 按钮 ✓。

步骤 04　选取图 3.2.9a 所示的直线 1 和直线 2，则在这两直线上添加了垂直约束，结果如图 3.2.9b 所示。

a）约束前　　　　　　　　　　　　　　b）约束后

图 3.2.9　垂直约束

（七）　共线约束

步骤 01　打开文件 D:\invsc14\work\ch03.02.01\constrain-07.ipt。

步骤 02　在浏览器中右击草图，在弹出的快捷菜单中单击 编辑草图 按钮。

步骤 03　选择命令。单击 草图 功能选项卡 约束 ▾ 区域中的 "共线约束" 按钮 ✓。

步骤 04　选取图 3.2.10a 所示的直线 1 和直线 2，则在这两直线上添加了共线约束，结果如图 3.2.10b 所示。

a）约束前　　　　　　　　　　　　　　b）约束后

图 3.2.10　共线约束

（八）对称约束

步骤01 打开文件 D:\invsc14\ch03.02.01\constrain-08.ipt。

步骤02 在浏览器中右击草图，在弹出的快捷菜单中单击 编辑草图 按钮。

步骤03 选择命令。单击 草图 功能选项卡 约束 ▼ 区域中的"对称约束"按钮 。

步骤04 选取图 3.2.11a 所示的直线 1 和直线 2，然后选取竖直的中心线为对称中心线，，选取的两条线即关于中心线对称，结果如图 3.2.11b 所示。

a）约束前　　　　　　　　　　　　b）约束后

图 3.2.11　对称约束

　　　　线与线的对称只能保证两条线分别与对称线的夹角保持不变，不能保证线的端点与对称线对称，若需保证两端点关于对称线对称，可添加两点与线的对称约束。

（九）同心约束

步骤01 打开文件 D:\invsc14\work\ch03.02.01\constrain-09.ipt。

步骤02 在浏览器中右击草图，在弹出的快捷菜单中单击 编辑草图 按钮。

步骤03 选择命令。单击 草图 功能选项卡 约束 ▼ 区域中的"同心约束"按钮 ◎。

步骤04 选取图 3.2.12a 所示的圆弧 1 和圆 1，在这两圆上添加了同心约束，结果如图 3.2.12b 所示。

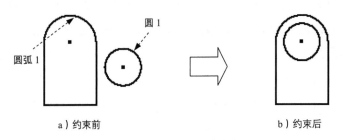

a）约束前　　　　　　　　　　　　b）约束后

图 3.2.12　同心约束

5. 删除几何约束

方法一：

(步骤 **01**) 单击要删除的约束的显示符号，如图 3.2.13 中所示的 ""，选中后，约束符号的颜色发生变化。

图 3.2.13 删除约束

(步骤 **02**) 按下 Delete 键，系统删除所选的约束。

方法二：

在绘图区域选中要删除的约束符号，按住鼠标右键，在弹出的快捷菜单中选择 删除(D) 命令。

6. 使用约束捕捉设计意图

一般用户的习惯是在绘制完毕后，手动创建大量所需的约束，其实在绘制过程中，大量的约束可以由系统自动创建。下面举例说明这个操作技巧。如图 3.2.14 所示，要在直线和直线之间创建一个圆弧。

(步骤 **01**) 打开文件 D:\invsc14\work\ch03.02.01\constrain-10.ipt。

(步骤 **02**) 在浏览器中右击草图，在弹出的快捷菜单中单击 编辑草图 按钮。

(步骤 **03**) 单击 "圆弧" 命令 圆弧 中的 圆弧 三点 按钮，此时系统提示 "选择圆弧起点"。

(步骤 **04**) 当把鼠标指针移到直线端点时，可看到圆上出现绿色的点且右下角出现 符号（图 3.2.15），表明系统已经捕捉到直线端点作为圆弧的起点；然后单击，接受 "点在圆上" 这一约束，此时系统便将该点作为圆弧的起点，同时系统提示 "选择圆弧终点"。

创建圆弧

X -35.795 mm Y 10.106 mm

图 3.2.14 创建一个圆弧　　　图 3.2.15 将鼠标指针移到弧线上

(步骤 **05**) 移动鼠标指针寻找圆弧的终点（设计意图是想把终点放在直线上），当鼠标指针移到直线上时，鼠标指针右下方出现 图标（图 3.2.16），表明系统已经捕捉到直线上的一点作为圆弧的终点。

步骤 06 沿直线移动鼠标,当移到直线的中点位置时,可看到 ⬚ 图标变成 ⬚ (图 3.2.17),表明系统已经捕捉到直线的中点。

步骤 07 继续移动鼠标指针,当鼠标指针移到直线的右端点处时,可看到端点右下角出现 ⬚ 符号 (图 3.2.18),表明系统已捕捉到该端点。

图 3.2.16 捕捉直线 　　　　图 3.2.17 移到直线中点 　　　　图 3.2.18 移到直线端点

 以上步骤讲的是与直线有关的几种 Inventor 系统自动捕捉约束形式,下面以其中的一种形式——圆弧的终点在直线的中点上为例,说明系统如何进一步帮助用户捕捉设计意图。

步骤 08 在直线的中点位置单击,接受"终点与直线中点重合"这一约束,此时系统提示"选择圆弧上一点"。

步骤 09 随着鼠标指针的不断移动,系统继续自动捕捉约束或约束组合。

步骤 10 当以上某种约束 (组合),如图 3.2.19 所示的相切约束符合用户的设计要求时,单击鼠标左键,接受显示的约束,完成圆弧的创建。

图 3.2.19 圆弧与圆相切

3.2.2 尺寸约束

尺寸约束就是确定草图中的几何图形的尺寸,例如长度、角度、半径和直径等,它是一种以数值来确定草图实体精确尺寸的约束形式。一般情况下,在绘制草图之后,需要对图形进行尺寸定位,使尺寸满足预定的要求。在绘制过程中,应先将草图的几何关系处理完成后再标注尺寸,在标注尺寸时,最好将所需尺寸标注完成后,确定草图处于完全定义的状态下,再修改尺寸。

　　下 面 来 讲 解 添 加 尺 寸 标 注 几 种 常 用 方 式 ， 首 先 打 开 文 件
D:\invsc14\work\ch03.02.02\dimension.ipt。

1. 标注长度

步骤 01　在浏览器中右击草图，在弹出的快捷菜单中单击 `编辑草图` 按钮。

步骤 02　选择命令。选择 `草图` 选项卡 `约束 ▼` 区域中的"尺寸"命令 `├─┤`。

步骤 03　在系统 `选择要标注尺寸的几何图元` 的提示下，单击位置 1 以选择直线（图 3.2.20）。

步骤 04　确定尺寸的放置位置。在位置 2 单击鼠标左键，系统弹出图 3.2.21 所示的"编辑尺寸"对话框。

图 3.2.20　标注长度

图 3.2.21　"编辑尺寸"对话框

步骤 05　单击 `✓` 按钮，完成线段长度的标注。

2. 标注点和直线间的距离

步骤 01　选择命令。选择 `草图` 选项卡 `约束 ▼` 区域中的"尺寸"命令 `├─┤`。

步骤 02　单击位置 1 以选择圆心，单击位置 2 以选择直线，单击位置 3 放置尺寸，如图 3.2.22 所示。

步骤 03　单击 `✓` 按钮，完成点和一条直线之间距离的标注。

3. 标注两点间的距离

步骤 01　选择命令。选择 `草图` 选项卡 `约束 ▼` 区域中的"尺寸"命令 `▭`。

步骤 02　分别单击位置 1 和位置 2 以选择两点，单击位置 3 确定尺寸类型为两点间的直线距离，单击位置 4 放置尺寸，如图 3.2.23 所示。

步骤 03　单击 `✓` 按钮，完成两点间距离的标注。

图 3.2.22　标注点和直线间的距离

图 3.2.23　标注两点间的距离

4. 标注两条平行线间的距离

步骤01 选择命令。选择 草图 选项卡 约束 ▾ 区域中的"尺寸"命令 ⊟。

步骤02 分别单击位置 1 和位置 2 以选择两条平行线，然后单击位置 3 以放置尺寸，结果如图 3.2.24 所示。

步骤03 单击 ✔ 按钮，完成两条平行线间距离标注。

5. 标注直径

步骤01 选择命令。选择 草图 选项卡 约束 ▾ 区域中的"尺寸"命令 ⊟。

步骤02 选取要标注的元素。单击位置 1 以选择圆，如图 3.2.25 所示。

步骤03 确定尺寸的放置位置。在位置 2 处单击以放置尺寸，如图 3.2.25 所示。

步骤04 单击 ✔ 按钮，完成直径的标注。

图 3.2.24　标注两条平行线间的距离

图 3.2.25　标注直径

6. 标注半径

步骤01 选择命令。选择 草图 选项卡 约束 ▾ 区域中的"尺寸"命令 ⊟。

步骤02 单击位置 1 选择圆弧上一点(图 3.2.26)，然后单击位置 2 以放置尺寸，如图 3.2.26 所示。

步骤03 单击 ✔ 按钮，完成半径的标注。

图 3.2.26　标注半径

7. 标注角度

步骤01 选择命令。选择 草图 选项卡 约束 ▾ 区域中的"尺寸"命令 ⊟。

步骤02 分别在两条直线上选择位置 1 和位置 2；单击位置 3 以放置尺寸(钝角，图 3.2.27，或单击位置 4 放置尺寸（锐角，图 3.2.28)。

步骤 03 单击 ✔ 按钮，完成角度的标注。

图 3.2.27　两条直线间角度的标注——钝角

图 3.2.28　两条直线间角度的标注——锐角

3.3　完全约束

　　草图的完全约束是指草图的几何关系和尺寸均满足绘制的要求，并且草图的形状和位置完全确定。"草图关系检查"可以通过预定义颜色的显示检查草图是否已经完全约束。不同约束条件下的草图颜色是不同的，读者还可通过以下几种方法查看草图是否完全约束。

◆　通过查看草图的自由度判断草图是否完全约束，操作方法如下：单击状态栏中的"显示所有自由度"按钮 ✛，若草图完全约束，则草图中不会有任何的自由度方向；若草图没有完全约束，则草图中会出现某点或者某线的移动或者旋转的箭头，以表示该草图在箭头方向上可以移动或者旋转。

◆　通过查看状态栏右侧的约束提示区域中的约束提示来判断草图是否完全约束，若草图没有完全约束，提示栏如 需要 1 个尺寸 ；若草图已经完全约束，提示栏如 全约束 。

3.4　对尺寸标注进行更改

3.4.1　尺寸的移动

步骤 01 把鼠标指针 ⬉ 移到尺寸数值上，此时可看到尺寸被预选中，并且鼠标指针变化为 ⬉。

　　　　若鼠标指针并没有发生变化，可先在空白区域单击，然后再进行 **步骤 01** 的操作。

步骤 02 按下左键并移动鼠标，将尺寸文本拖至所需位置。

3.4.2　尺寸值修改的步骤

步骤 01 打开文件 D:\invsc14\work\ch03.04.02\dimension-edit.ipt。

步骤 02 在浏览器中右击草图，在弹出的快捷菜单中单击 编辑草图 按钮。

步骤 03 在要修改的尺寸（图 3.4.1b）文本上双击，此时出现图 3.4.1b 所示的"编辑尺寸"对话框。

步骤 04 在图 3.4.1b 所示的"编辑尺寸"对话框中输入新的尺寸值（如 35）后，按回车键完成修改，如图 3.4.1c 所示。

a）修改前　　　　　　　　　　b）修改中　　　　　　　　　　c）修改后

图 3.4.1　修改尺寸值

3.4.3　删除尺寸

删除尺寸的操作方法如下。

步骤 01 单击需要删除的尺寸（按住 Ctrl 键可多选）。

步骤 02 按键盘中的 Delete 键（或右击在弹出的快捷菜单中选择 删除(D) 命令），选取的尺寸即被删除。

3.4.4　对尺寸精度进行修改

可以使用"文档设置"对话框来指定尺寸值的默认小数位数。

步骤 01 选择命令。单击 工具 选项卡 选项 ▼ 区域中的"文档设置"按钮 。

步骤 02 在系统弹出的"文档设置"对话框中单击 单位 选项卡，此时"文档设置"对话框如图 3.4.2 所示。

图 3.4.2　"文档设置"对话框

步骤 03 定义尺寸值的小数位数。在"文档设置"对话框的 造型尺寸显示 区域的
线性尺寸显示精度 与 角度尺寸显示精度 下拉列表中选择尺寸值的小数位数。

步骤 04 单击"文档设置"对话框中的 确定 按钮，完成尺寸值的小数位数的修改。

3.5 草图设计综合应用

3.5.1 草图设计综合应用一

案例概述

本案例主要介绍利用"缩放和旋转"和"镜像"命令进行图形编辑的过程。图形如图
3.5.1 所示，其编辑过程如下。

a）操作前   b）操作后

图 3.5.1 草图设计综合应用一

Stage1. 打开文件

打开文件 D:\invsc14\work\ch03.05\spsk5.ipt，在浏览器中右击草图，在弹出的快捷菜单中单击
编辑草图 按钮，进入草图的编辑状态。

Stage2. 镜像图元

步骤 01 选择命令。选择 草图 选项卡 阵列 区域的"镜像"命令 ，系统弹出"镜像"
对话框。

步骤 02 选取要镜像的草图实体。在系统 选择要镜像的几何图元 的提示下，在图形区框选
要镜像的草图实体。

步骤 03 定义镜像线。在"镜像"对话框中单击 按钮，然后在系统 选择镜像线 的提
示下，选择图 3.5.2a 所示的中心线为镜像线，单击 应用 按钮，单击 完毕 按钮，
结果如图 3.5.2b 所示。

a）镜像前   b）镜像后

图 3.5.2 镜像草图

Stage3．旋转图元

步骤 01 选择命令。选择 草图 选项卡 修改 区域的中的 ○ 旋转 命令，系统弹出"旋转"命令条，框选图形区的草图为要旋转的元素。

步骤 02 定义旋转中心。单击"选择中心点"按钮 ↖，在图形区选择图 3.5.3 所示的点作为旋转中心。

注意：若此时系统提示"是否删除约束"，应删除约束，否则元素不能旋转。

步骤 03 在 角度 的文本框中输入值 30，单击 应用 按钮，单击 完毕 按钮，完成旋转的操作。

a）旋转前　　　　　　　　　　　　b）旋转后

图 3.5.3　旋转草图

Stage4．缩放图元

步骤 01 选择命令。选择 草图 选项卡 修改 区域中的 ⊡ 缩放 命令，系统弹出"缩放"对话框，然后在图形区框选所有草图为缩放的对象。

步骤 02 定义比例中心点。单击"选择基准点"按钮 ↖，然后选择图 3.5.4 所示的点为比例缩放的中心点。

步骤 03 在 比例系数 的文本框中输入数值 0.5，按 Enter 键，单击 完毕 按钮，完成草图的比例缩放的操作。

a）缩放前　　　　　　　　　　　　b）缩放后

图 3.5.4　缩放图元

Stage5．保存文件

单击 ✓ 按钮，退出草图环境，并保存文件。

3.5.2　草图设计综合应用二

案例概述

本案例主要介绍对已有草图的编辑过程，重点讲解用"修剪""延伸"的方法进行草图的编辑。图形如图 3.5.5 所示。

图 3.5.5　草图设计综合应用二

　　本案例的详细操作过程请参见随书光盘中 video\ch03\文件下的语音视频讲解文件。模型文件为 D:\ invsc14\work\ch03.05\spsk02.prt。

3.5.3　草图设计综合应用三

案例概述

本案例主要介绍草图的绘制、编辑和标注的过程，需要重点掌握绘制草图的技巧，先绘制大体轮廓，然后再修剪，最后添加相关的约束与尺寸。图形如图 3.5.6 所示。

图 3.5.6　草图设计综合应用三

　　本案例的详细操作过程请参见随书光盘中 video\ch03\文件下的语音视频讲解文件。模型文件为 D:\ invsc14\work\ch03.05\spsk07.prt。

第 4 章　零件设计（基础）

4.1　Inventor 零件设计的一般方法

用 Inventor 系统创建零件模型，其方法十分灵活，按大的方法分类，分为以下几种：

1. "积木"式方法

这是大部分机械零件的实体三维模型的创建方法。这种方法是先创建一个反映零件主要形状的基础特征，然后在这个基础特征上添加其他特征，如伸出、切槽、倒角和圆角等。

2. 由曲面生成零件的实体三维模型的方法

这种方法是先创建零件的曲面特征，然后把曲面转换成实体模型。

3. 从装配中生成零件的实体三维模型的方法

这种方法是先创建装配体，然后在装配体中创建零件。

本章将主要介绍用第一种方法创建零件模型的一般过程，其他方法将在后面的章节中陆续介绍。

下面以一个零件为例，说明用 Inventor 软件创建零件三维模型的一般过程，同时介绍拉伸（Extrude）特征的基本概念及创建方法。滑块的三维模型如图 4.1.1 所示。

图 4.1.1　连接座三维模型创建过程

4.1.1 零件文件的新建步骤

新建一个零件模型文件的操作步骤如下：

选择下拉菜单 ➡ 🗎 新建 ➡ 🗊 零件 命令。

> 每次新建一个文件时，Inventor 会显示一个默认名。如果要创建的是零件，默认名的格式是.ipt 前跟一个序号（如零件 1. ipt），以后再新建一个零件，序号自动加 1。

4.1.2 创建一个拉伸特征作为零件的基础特征

基础特征是一个零件的主要轮廓特征，创建什么样的特征作为零件的基础特征比较重要，一般由设计者根据产品的设计意图和零件的特点灵活掌握。本小节中，连接座零件的基础特征是一个拉伸特征（图 4.1.2）。拉伸特征是将截面草图沿着草图平面的垂直方向拉伸而形成的，它是最基本且经常使用的零件建模工具。

图 4.1.2 "拉伸"示意图

1. 选取特征命令

进入 Inventor 零件设计环境后，在软件界面上方会显示图 4.1.3 所示的"三维模型"选项卡，该功能选项卡中包含 Inventor 中所有的零件建模工具，特征命令的选取方法一般是单击其中的命令按钮。

图 4.1.3 "三维模型"选项卡

在 创建 ▼ 区域中单击 按钮后，系统弹出图 4.1.4 所示的"创建拉伸"对话框。

2．定义拉伸特征的截面草图

定义拉伸特征的截面草图的方法有两种：一是选择已有草图作为截面草图；二是创建新草图作为截面草图。本例中，介绍定义拉伸特征截面草图的第二种方法，具体定义过程如下。

步骤 01 定义草图平面。

对草图平面的概念和有关选项介绍如下：

◆ 草图平面是特征截面草图或轨迹的绘制平面。

◆ 选择的草图平面可以是 XZ 平面、XY 平面和 YZ 平面中的一个，也可以是模型的某个平整的表面。

图 4.1.4 "创建拉伸"对话框

单击图 4.1.4 所示的"创建拉伸"对话框中的 创建二维草图 按钮，完成本步操作后，在系统 选择平面以创建草图或选择现有草图以进行编辑 的提示下，选取 XY 平面作为草图平面，进入草图绘制环境。

步骤 02 创建特征的截面草图。

基础拉伸特征的截面草图如图 4.1.5 所示。下面将以此为例介绍特征截面草图的一般创建步骤。

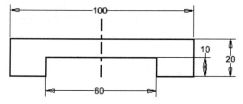

图 4.1.5 基础拉伸特征的截面草图

（1）设置草绘环境，调整草绘区。

操作提示与注意事项：

◆ 进入草绘环境后，如果草图视图与屏幕不平行，可通过 ViewCube 工具调整至我们需要的平面上。

◆ 除可以移动和缩放草绘区外，如果用户想在三维空间绘制草图或希望看到模型截面草图在三维空间的方位，可以旋转草绘区，方法是按住键盘上的 Shift 键和鼠标的中键并移动鼠标，此时可看到图形跟着鼠标旋转。

（2）创建截面草图。下面将介绍创建截面草图的一般过程，在以后的章节中，创建截面草图时，可参照这里的内容。

① 绘制截面几何图形的大体轮廓。

操作提示与注意事项：

◆ 绘制草图时，开始时没有必要很精确地绘制截面的几何形状、位置和尺寸，只要大概的形状与图 4.1.6 相似即可。

② 建立几何约束。建立图 4.1.7 所示的水平、竖直、对称和共线约束。

图 4.1.6　截面草图的初步图形　　　　图 4.1.7　建立几何约束

③ 建立尺寸约束。单击"草图"选项卡中的 ⬚ 按钮，标注图 4.1.8 所示的 4 个尺寸，建立尺寸约束。

说明　　　每次标注尺寸时，系统都会弹出"编辑尺寸"对话框，此时可不作修改，若读者不想让系统弹出"编辑尺寸"对话框，可通过以下操作进行设置：单击 **工具** 选项卡 **选项 ▼** 区域中的"应用程序选项"按钮 ⬚，系统弹出"应用程序选项"对话框，单击该对话框中的"草图"选项卡，取消选中 □ 在创建后编辑尺寸 选

④ 修改尺寸。将尺寸修改为设计要求的尺寸，如图 4.1.9 所示。

其操作提示与注意事项如下：

◆ 尺寸的修改应安排在建立完约束以后进行。

◆ 注意修改尺寸的顺序，先修改对截面外观影响不大的尺寸。

图 4.1.8　建立尺寸约束　　　　　　　　图 4.1.9　修改尺寸

 步骤**03** 完成草图绘制后，单击"三维建模"选项卡中的"完成草图"按钮 ✔️ ，退出草绘环境。

除 步骤**03** 中的叙述外，还有两种方法可以退出草绘环境。

◆ 在图形区单击鼠标右键，在系统弹出的图 4.1.10 所示的菜单按钮界面中单击 ✔️ 完成二维草图 按钮。

◆ 在浏览器中右击"草图 1"，在弹出的快捷菜单中选择 ✔️ 完成二维草图 命令。

图 4.1.10　菜单按钮界面

草图轮廓主要有两种类型：开放的和封闭的。封闭的轮廓多用于创建实体特征，开放的轮廓主要用于创建路径或者曲面；另外，草图轮廓也可以通过投影模型中的几何图元的方式来创建。

3. 定义拉伸特征

步骤**01** 单击 创建 ▼ 区域中的 按钮，系统弹出图 4.1.11 所示的"拉伸"对话框(一)。

步骤**02** 系统自动选取刚刚创建的草图为拉伸特征轮廓，此时模型如图 4.1.12 所示。

步骤**03** 定义拉伸深度方向。在对话框中单击 按钮，向两个方向同时进行拉伸。

◆ 在完成草图后原则上可通过单击 草图 选项卡 返回到三维 中的 按钮，就可切换至三维环境，然后定义深度属性即可，就无须再次单击 按钮；但由于此草图在进行编辑时，草图 选项卡 返回到三维 区域处于隐藏状态，无法单击区域中的 按钮，因此才再次单击 创建 ▼ 区域中的 按钮；在后续特征创建时，若可以单击 草图 选项卡 返回到三维 中的 按钮，直接执行此命令即可。

◆ 如果草图中包含一个封闭的轮廓，则在使用拉伸命令时，草图轮廓会被自动选中，如果草图中包含两个或者多个轮廓，就需要在拉伸特征中手动选择我们需要的封闭轮廓；在本例中所绘制的草图只有三个封闭的轮廓，所以在选取拉伸命令后要自行选择所需的封闭轮廓来生成实体。

图 4.1.11 "拉伸"对话框（一）

图 4.1.12 创建拉伸特征

按住键盘上的 Shift 键和鼠标的中键并移动鼠标，可将草图旋转到便于观察的三维视图状态，若要改变拉伸深度的方向，可拖动图 4.1.13 所示的方向箭头使他处于草图法向的某一侧；也可以通过"拉伸"对话框中的方向箭头来调整拉伸深度方向。

步骤 04 定义拉伸深度类型。

在"拉伸"对话框 范围 区域中的下拉列表中选择 距离 选项，将拉伸方向设置为"对称"拉伸类型 。

读者不仅可以在"拉伸"对话框中设置各个参数，也可以在图 4.1.14 所示的小工具栏中设置各个参数。

图 4.1.13　定义拉伸深度类型

图 4.1.14　小工具栏

图 4.1.11 所示的"拉伸"对话框的部分说明如下。

◆　如图 4.1.11 所示，"拉伸"对话框中 形状 选项卡中的选项说明如下。

● 按钮：单击此按钮用于选择要拉伸的面域或者截面轮廓。如果草图中有多个截面轮廓，并且没有选择其中的一个，可以单击此按钮，然后在绘图区域选取一个或多个封闭的截面轮廓；对于"实体"类型的输出结果，必须是封闭的草图，对于"曲面"类型的输出结果，截面可以开放。

● 按钮：若模型中存在多个实体，单击此按钮可选择单个实体参与运算。

● 按钮：用于从开放或闭合轮廓创建实体特征，对于基础特征不能选择开放的截面轮廓。

● 按钮：用于从开放或闭合轮廓创建曲面特征，可以用来构造曲面作为其他特征的终止条件，也可以作为分割工具创建分割零件或将单个零件分割为多个实体；需要注意的是，此选项对部件拉伸或基本要素不可用。

● 按钮：用于将拉伸特征产生的体积添加到另外一个特征或实体中，此选项对于部件的拉伸不可用，效果如图 4.1.15 所示。

● 按钮：用于将拉伸特征产生的体积从另外一个特征或实体中移除，效果如图 4.1.16 所示。

● 按钮：用于将拉伸特征产生的体积与其他特征的公共体积作为新特征，未包含在公共体积内的材料将被移除，此选项对部件拉伸不可用，效果如图 4.1.17 所示。

图 4.1.15　求并操作

图 4.1.16　求差操作

图 4.1.17　求交操作

● ⬚ 按钮：用于创建新实体，如果拉伸的是零件文件中的第一个实体，那么此选项就是默认的选项；选择该选项可在包含实体的零件文件中创建新实体；每个实体都与其他的实体相互分离，成为独立的特征集合，此时在浏览器中会出现一个实体，如图 4.1.18 所示。

a）创建实体前   b）创建实体后

图 4.1.18　新建实体操作

◆ 如图 4.1.11 所示，打开"拉伸"对话框中 范围 区域的下拉列表，特征的各拉伸深度类型选项说明如下。

● 距离 按钮：可以创建确定深度尺寸类型的特征，此时特征将从草图平面开始，按照所输入的数值（即拉伸深度值）向特征创建的方向一侧进行拉伸，效果如图 4.1.19 所示。

● 到表面或平面 按钮：用于创建按箭头方向拉伸到第一个有意义的接触面而进行的拉伸；效果如图 4.1.19 所示。

● 到 按钮：用于创建按箭头方向拉伸到我们选定的终点、顶点、面或者平面。对于点或者顶点相当于在选定的点或者顶点上创建一个平行于草图平面的基准面，以此面作为拉伸的终止条件；对于面或者平面，将以我们选定的面作为拉伸的终止面；效果如图 4.1.19 所示。

● 介于两面之间 按钮：用于创建在指定的起始面和终止面之间进行拉伸；效果如图 4.1.19 所示。

● 贯通 按钮：用于创建在指定的方向上拉伸至与所有的面相交，选择此选项后并集操作将不可用；效果如图 4.1.19 所示。

a-距离
b-到表面或平面
c-到
d-介于两面之间
e-贯通

图 4.1.19　拉伸深度选项示意图

- 选项：表示特征从草图基准面的法向方向进行拉伸，效果如图 4.1.20 所示。
- 选项：表示特征从草图基准面的另外一个法向方向进行拉伸，效果如图 4.1.21 所示。

图 4.1.20　方向 1

图 4.1.21　方向 2

- 选项：表示特征从草图基准面的两个方向同时进行拉伸，并且两侧拉伸的值均为输入值的一半，效果如图 4.1.22 所示。
- 选项：表示特征从草图基准面的两个方向同时进行拉伸，且两侧拉伸可以随意指定，效果如图 4.1.23 所示。

图 4.1.22　对称

图 4.1.23　不对称

◆　如图 4.1.13 所示，打开"拉伸"对话框中 更多 选项卡中的部分选项说明如下。

- 锥度 下拉列表：用于在创建拉伸特征的同时，对实体进行拔模操作，如果输入的值为正值，则特征将沿矢量方向增大截面面积，如果输入的数值为负值，则特征将沿矢量方向减小截面面积。

步骤 05 定义拉伸深度值。在"拉伸"对话框 距离 下拉列表中输入数值 200.0，完成拉伸深度值的定义。

4. 完成凸台特征的定义

步骤 01 特征的所有要素被定义完毕后，预览所创建的特征，以检查各要素的定义是否正确。

说明

预览时，可按住键盘上的 Shift 键加鼠标中键进行旋转查看，如果所创建的特征不符合设计意图，可选择对话框中的相关选项重新定义。

步骤 **02** 预览完成后，单击"拉伸"对话框中的 确定 按钮，完成特征的创建。

4.1.3 创建其他特征

1. 创建拉伸特征 2

在创建零件的基本特征后，可以增加其他特征。现在要创建图 4.1.24 所示的拉伸特征 2，操作步骤如下。

步骤 **01** 选择命令。在 创建 ▼ 区域中单击 📄 按钮后，系统弹出"创建拉伸"对话框。

步骤 **02** 创建截面草图。

图 4.1.24　拉伸特征 2

（1）选取草图平面。单击"创建拉伸"对话框中的 创建二维草图 按钮，选取图 4.1.25 所示的模型表面作为草图平面，进入草图绘制环境。

说明

如果读者在选取图 4.1.25 所示的平面进入草绘环境后，系统自动投影了模型边线，而这些边线并不是我们需要的，可进行如下操作：单击 工具 选项卡 选项 ▼ 区域中的"应用程序选项"按钮 📄，系统弹出"应用程序选项"对话框，单击 草图 选项卡，取消选中 ☐ 自动投影边以创建和编辑草图 选项。

（2）绘制图 4.1.26 所示截面草图。完成草图绘制后，单击 草图 选项卡 返回到三维 区域中的 📄 按钮，然后单击草图的封闭区域，退出草图绘制环境。

草图平面

图 4.1.25　选取草绘平面

图 4.1.26　截面草图

步骤 **03** 选择拉伸类型。在"拉伸"对话框 范围 区域中的下拉列表中选择 距离 选项，将拉伸方向设置为方向 2 的拉伸类型 📄 ；在"拉伸"对话框 距离 下拉列表中输入数值 30.0，完成拉伸深度值的定义。

步骤 04 完成特征的创建。

（1）特征的所有要素被定义完毕后，预览所创建的特征，以检查各要素的定义是否正确。如果所创建的特征不符合设计意图，可选择操控板中的相关项，重新定义。

（2）在对话框中单击 确定 按钮，完成特征的创建。

2. 创建图 4.1.27 所示的切削特征（拉伸 3）

图 4.1.27　拉伸特征 3

步骤 01 选择命令。在 创建 ▼ 区域中单击 按钮，系统弹出"创建拉伸"对话框。

步骤 02 创建特征的截面草图。

（1）选取草图平面。单击"创建拉伸"对话框中的 创建二维草图 按钮，选取图 4.1.28 所示的模型表面作为草图平面。

（2）绘制截面草图。在草绘环境中创建图 4.1.29 所示的截面草图。

（3）完成草图绘制后，单击"三维建模"选项卡中的"完成草图"按钮 ，退出草绘环境。

步骤 03 选择拉伸类型。在 创建 ▼ 区域中单击 按钮，在"拉伸"对话框中单击 按钮，然后在 范围 下拉列表中选择 贯通 选项。

步骤 04 单击对话框中的 确定 按钮，完成特征的创建。

草图平面

图 4.1.28　选取草绘平面

图 4.1.29　截面草图

步骤 05 选择下拉菜单 ⬛ ➡ 💾 保存命令，命名为 base，保存零件模型。

4.2 模型的显示与控制

学习本节时，请先打开模型文件 D:\invsc14\work\ch04.02\base.ipt。

在 Inventor 中单击 视图 功能选项卡，将进入图 4.2.1 所示的界面，该选项卡用于控制模型视图和管理文件窗口。

图 4.2.1 "视图"选项卡

对图 4.2.1 所示的"视图"选项卡中各个区域的功能按钮进行简要说明。

◆ 可见性 区域：用于控制特征、用户特征、二维草图、三维草图、UCS 特征、重心空间坐标系、分析结果、iMate 图示符的显示与隐藏。

◆ 外观 ▼ 区域：用于设置模型的外观以及视图样式等。

◆ 窗口 区域：用于定制工作界面以及切换文件窗口等。

◆ 导航 区域：用于调整模型在图形区中的显示大小，控制模型的显示方位。

4.2.1 模型的移动、旋转与缩放

视图的平移、旋转与缩放是零部件设计中常用的操作，这些操作只改变模型的视图方位而不改变模型的实际大小和空间位置，下面叙述其操作方法。

1. 平移的操作方法

（1）单击 视图 功能选项卡 导航 区域中的"平移"按钮 🖐，然后在图形区按住左键并移动鼠标，此时模型会随着鼠标的移动而平移。

（2）在绘图区域单击"导航栏"中的"平移"按钮 🖐，然后在图形区按住左键并移动鼠标，此时模型会随着鼠标的移动而平移。

（3）按住鼠标中键不放并移动鼠标，模型将随着鼠标的移动而平移。

2. 旋转的操作方法

（1）单击 视图 功能选项卡 导航 区域中 下的"动态观察"按钮 动态观察，然后在图形区按住左键并移动鼠标，此时模型会随着鼠标的移动而旋转（此命令的快捷键为 F4 加鼠标左键）。

（2）单击 视图 功能选项卡 导航 区域中 下的"受约束的动态观察"按钮 受约束的动态观察，然后在图形区按住左键并移动鼠标，此时模型也会随着鼠标的移动而旋转。

（3）在绘图区域单击"导航栏"中的"自由动态观察"按钮，然后在图形区按住左键并移动鼠标，此时模型会随着鼠标的移动而旋转。

（4）按住键盘上的 Shift 键加鼠标中键并移动鼠标，模型将随着鼠标的移动而旋转。

3. 缩放的操作方法

（1）使用智能鼠标滚轮放大和缩小。

向后滚动鼠标滚轮以在当前光标位置放大，向前滚动鼠标滚轮缩小。

（2）使用全部缩放命令缩小或放大。

单击 视图 功能选项卡 导航 区域中 下的"全部缩放"按钮 全部缩放，此时绘图区域的所有元素都显示在图形窗口中。

（3）使用缩放命令缩小或放大。

单击 视图 功能选项卡 导航 区域中 下的"缩放"按钮 缩放，然后在图形区按住左键并移动鼠标，向下移动时放大，向上移动时缩小。

（4）使用缩放窗口命令缩小或放大。

单击 视图 功能选项卡 导航 区域中 下的"缩放窗口"按钮 缩放窗口，然后在图形区合适的位置按住左键并移动鼠标绘制出一个矩形轮廓，松开鼠标左键，此时矩形区域内的元素都会显示在图形窗口中。

（5）使用缩放选定实体命令缩小或放大。

单击 视图 功能选项卡 导航 区域中 下的"缩放选定实体"按钮 缩放选定实体，然后在图形区选取边、特征或其他元素，此时选定的元素都会显示在图形窗口中。

（6）读者也可以在"导航栏"中找到对应的命令进行缩放操作。

 采用以上方法对模型进行缩放和移动操作时，只是改变模型的显示状态，而不能改变模型的真实大小和位置。

4.2.2 模型的视图定向

在设计零部件时，经常需要改变模型的视图方向，利用模型的"定向"功能可以将绘图区中的模型精确定向到某个视图方位（图 4.2.2）。通过 ViewCube 工具调整至我们所需要的视图方位。

◆ （前视）：沿着 Z 轴正向的平面视图，如图 4.2.3 所示。

 说明 将视图调整至前视图后还可以通过图 4.2.4 所示的旋转箭头对视图进行旋转，单击图 4.2.4 所示的箭头后，视图将调整为图 4.2.5 所示的位置。

图 4.2.2　原始视图方位　　　图 4.2.3　前视图 1　　　图 4.2.4　ViewCube 工具　　　图 4.2.5　前视图 2

◆ （后视）：沿着 Z 轴负向的平面视图，如图 4.2.6 所示。

◆ （左视）：沿着 X 轴正向的平面视图，如图 4.2.7 所示。

◆ （右视）：沿着 X 轴负向的平面视图，如图 4.2.8 所示。

图 4.2.6　后视图　　　图 4.2.7　左视图　　　图 4.2.8　右视图

◆ （下视）：沿着 Y 轴负向的平面视图，如图 4.2.9 所示。

◆ （上视）：沿着 Y 轴正向的平面视图，如图 4.2.10 所示。

图 4.2.9　下视图　　　　　　图 4.2.10　上视图

若读者在创建好一个视图后又想返回到主视图的状态，可单击 ViewCube 工具中的"主视图"按钮 或者使用键盘上的快捷键 F6 快速地将视图调回至主视图状态。

4.2.3　模型的剖切

下面说明模型的剖切的一般操作过程。

步骤 01　打开模型文件 D:\invsc14\work\ch04.02.03\base.ipt。

步骤 02　选择命令。单击 检验 功能选项卡 分析 区域中的"剖视"按钮 ⬜，系统弹出"截面分析"对话框。

步骤 03　设置平面。在浏览器中选取 XY 平面为参考面。

步骤 04　设置方向。将方向箭头调整至图 4.2.11 所示的方向。

步骤 05　单击 确定 按钮，完成模型剖切的创建，如图 4.2.12 所示。

图 4.2.11　调整方向箭头　　　　　　　　图 4.2.12　模型的剖切

　　　　在浏览器中右击 中─📁分析:剖视1(开)，在弹出的快捷菜单中选中 ✔分析可见性 选项，则剖视图显示，若取消选中 ≫分析可见性 选项，则剖视图隐

"截面分析"对话框各选项说明如下。

◆ ⬜选项：表示分析类型按照单一剖切平面提供零件的剖视图，与二维草图中的切片类似。

◆ 🔲平面 选项：用于选取剖切平面，此剖切面可以是模型的表面，也可以是系统提供的基准平面。

◆ 🔲🔲方向 选项：用于设置剖切的方向。

◆ 剖视偏移 选项：用于设置相对于选定平面的偏移值，读者可以在文本框中输入一个具体数值，也可以在绘图区域拖动平面动态设置该值。

◆ 选项：此选项提供了有关任意数量的剖切平面的更详细的信息，其中包括壁厚分析和面积物理特性的计算。

4.3　旋转特征

4.3.1　旋转特征概述

如图 4.3.1 所示，旋转（Revolve）特征是将截面绕着一条中心轴线旋转而形成的形状特征。注意旋转特征必须有一条绕其旋转的中心线。

要创建或重新定义一个旋转特征，可按下列操作顺序给定特征要素。

定义特征属性包括：草图平面→绘制旋转中心线→绘制特征截面→确定旋转方向→输入旋转角。

注意　　　旋转体特征分为旋转特征和旋转切削特征（图 4.3.1 所示为旋转特征），这两种旋转特征的截面草图都必须是封闭的。

下面以图 4.3.1 所示的零件为例，说明在新建一个以旋转特征为基础特征的零件模型时，创建旋转特征的详细过程。

图 4.3.1　旋转特征示意图

1. 新建文件

选择下拉菜单 命令。

2. 创建图 4.3.1 所示的实体旋转特征

（步骤 01） 在 创建 ▼ 区域中选择 命令后，系统弹出图 4.3.2 所示的"创建旋转"对话框。

图 4.3.2　"创建旋转"对话框

（步骤 02） 定义特征的截面草图。

（1）选择草图平面。单击 创建二维草图 按钮，在系统 选择平面以创建草图或选择现有草图以进行编辑 的提示下，选取 XY 平面作为草图平面，进入草图绘制环境。

（2）绘制图 4.3.3 所示的截面草图。

① 绘制草图的大致轮廓。

② 建立图 4.3.3 所示的几何约束和尺寸约束，修改并整理尺寸。

（3）单击 草图 功能选项卡 退出 区域的"完成草图"按钮 ✓，退出草图环境。

（步骤 03） 定义旋转属性。单击 草图 选项卡 返回到三维 区域中的 按钮，系统弹出"旋转"对话框。在"旋转"对话框 范围 区域的下拉列表中选中 全部 选项，然后选择图 4.3.3 所示的旋转轴。

（步骤 04） 单击对话框中的 确定 按钮，完成旋转的创建。

图 4.3.3　截面草图

◆　旋转特征必须有一条旋转轴线，围绕轴线旋转的草图只能在该轴线的一侧。

◆　实体特征的截面必须是封闭的，而曲面特征的截面则可以不封闭。

◆　旋转轴线一般是用 ⊕ 命令绘制的一条中心线，也可以是用 ╱ 命令绘制的一条直线，或者是草图轮廓的一条直线边。

步骤 05　选择下拉菜单 **I.** ➡ 🖫 保存 命令，命名为 revolve，保存零件模型。

4.3.2　旋转切削特征

下面以图 4.3.4 所示的一个简单模型为例，说明创建旋转切削特征的一般过程。

a）旋转前　　　　　　　　b）旋转后

图 4.3.4　旋转切削特征

步骤 01　打开文件 D:\invsc14\work\ch04.03.02\revolve-groove.ipt。

步骤 02　选择命令。在 创建 ▼ 区域中选择 🔿 命令后，系统弹出图 4.3.2 所示的"创建旋转"对话框。

步骤 03　定义特征的截面草图。

（1）选择草图平面。单击 创建二维草图 按钮，在系统 选择平面以创建草图或选择现有草图以进行编辑 的提示下，选取 XY 平面作为草图平面，进入草图绘制环境。

（2）绘制图 4.3.5 所示的截面草图（包括旋转中心线）。

① 绘制草图的大致轮廓。

② 建立图 4.3.5 所示的几何约束和尺寸约束，修改并整理尺寸。

图 4.3.5　截面草图

步骤 04 定义旋转属性。单击 草图 选项卡 返回到三维 区域中的 按钮，系统弹出"旋转"对话框，在"旋转"对话框 范围 区域的下拉列表中选中 全部 选项，将布尔运算类型设置为"求差"类型 凸 。

步骤 05 单击窗口中的 确定 按钮，完成旋转切除的定义。

步骤 06 选择下拉菜单 ➡️ 另存为 命令，命名为 revolve-groove -ok，保存零件模型。

4.4　Inventor 的浏览器

4.4.1　浏览器界面简介

在学习本节时，请先打开模型文件 D:\invsc14\work\ch04.04.01\base.ipt，Inventor 的浏览器界面如图 4.4.1 所示。

图 4.4.1　浏览器操作界面

4.4.2　浏览器的作用与一般操作

（1）在浏览器中选取对象。可以从浏览器中选取要编辑的特征或零件对象。当要选取的特征或零件在图形区的模型中不可见时，此方法尤为有用。当要选取的特征和零件在模型中禁用选取时，仍可在浏览器中进行选取操作。

（2）更改项目的名称。在浏览器的项目名称上右击，选择 特性... 命令，然后在 名称(N) 对话框中输入新名称，即可更改所选项目的名称。

（3）在设计树中使用快捷命令。单击或右击浏览器中的特征名或零件名，可弹出一个快捷菜单，从中可选择相对于选定对象的特定操作命令。

（4）确认和更改特征的生成顺序。浏览中有一个"造型终止"选项，作用是指明在创建特征时特征的插入位置。在默认情况下，它的位置总是在浏览器列出的所有项目的最后。可以在浏览器中将其上下拖动，将特征插入到浏览器中的其他特征之间。将"造型终止"选项移动到新位置时，"造型终止"后面的项目将被隐含，这些项目将不在图形区的模型上显示。

可在"造型终止"位于任何地方时保存模型；当再次打开文档时，可直接拖动"造型终止"选项至所需位置。

4.5 零件模型属性的设置

4.5.1 零件模型材料的设置

在零件模块中，选择 **工具** 选项卡 材料和外观 ▾ 区域中的"材料"命令 ⬤ ，系统弹出图 4.5.1 所示的"材料浏览器"对话框（一），在此对话框中可创建新材料并定义零件材料的属性。

图 4.5.1　"材料浏览器"对话框（一）

下面以一个简单模型为例，说明设置零件模型材料属性的一般操作步骤，操作前打开模型文件 D:\invsc14\work\ch04.05.01\base.ipt。

步骤 01 将材料应用到模型。

（1）选择 **工具** 选项卡 材料和外观 ▾ 区域中的"材料"命令 ⬤ ，系统弹出"材料浏览器"对话框（二）。

（2）在 区域中单击图 4.5.2 所示的"将材料添加到文档"按钮 ⬆ 或者双击材料，将材料应用到模型，然后关闭此对话框。

图 4.5.2　"材料浏览器"对话框（二）

步骤 02 创建新材料。

（1）选择 **工具** 选项卡 **材料和外观 ▼** 区域中的"材料"命令 ⚪，在弹出的"材料浏览器"对话框（二）中单击"在文档中创建新材质"按钮 🔳，系统弹出图 4.5.3 所示的"材料编辑器"对话框，在"材料编辑器"对话框中的"指定材质名称"文本框中输入"45steel"，然后在外观特性以及物理特性选项卡中可分别填入材料的属性值，如 **热膨胀系数** 、 **密度** 和 **泊松比** 等，设置完成后单击 **确定** 按钮。

（2）在"材料浏览器"对话框 **文档材料** 区域会多出一个上步创建的 45steel 材质，单击该材质，即可将材料应用到模型。

4.5.2　零件模型单位的设置

每个模型都有一个基本的米制和非米制单位系统，以确保该模型的所有材料属性保持测量和定义的一贯性。Inventor 系统提供了一些预定义单位系统，其中一个是默认单位系统，但用户也可以定义自己的单位和单位系统（称为定制单位和定制单位系统）。在进行一个产品的设计前，应该使产品中的各元件具有相同的单位系统。

下面以一个简单模型为例，说明设置零件模型材料属性的一般操作步骤，操作前打开模型文件 D:\invsc14\work\ch04.05.02\base.ipt。

图 4.5.3 "材料编辑器"对话框

（1）选择下拉菜单 工具 ➡ 文档设置 命令，系统弹出"文档设置"对话框。

（2）在对话框中单击 单位 选项卡，在图 4.5.4 所示的对话框中可以设置相应的参数。

图 4.5.4 "文档设置"对话框

第 **5** 章　零件设计（高级）

5.1　参考几何体

Inventor 中都包括由系统默认存在的三个工作平面、三个坐标轴、一个工作点组成的"原始坐标系"，此坐标系是固定的，相当于在 Autocad 中的 WCS。

Inventor 中的参考几何体包括工作平面、工作轴、工作坐标系和工作点等基本几何元素，这些几何元素可作为其他几何体构建时的参照，在创建零件的一般特征、曲面、零件的剖切面以及装配中起着非常重要的作用。

5.1.1　工作平面

工作平面也称基准面。它是一种自定义、参数化且无限大的坐标平面。在创建一般特征时，如果模型上没有合适的平面，用户可以创建工作平面作为特征截面的草图平面及其参考平面。

在绘制草图时也可以根据一个工作平面进行标注，就好像它是一条边。工作平面的大小可以调整，以使其看起来适合零件、特征、曲面、边、轴或半径。

要选择一个工作平面，可以在浏览器中选择其名称，或在图形区中选择它的一条边界。

1.　平面绕边旋转一定角度

下面以一个范例来说明平面绕边旋转一定角度的工作平面的创建过程。如图 5.1.1 所示，现在要创建一个工作平面，使其穿过图中模型的一条边线，并与模型上的一个表面成 30° 的夹角。

与此参考面夹角为 30°

穿过此边线

a）创建前　　　　　　　　　　　　　b）创建后

图 5.1.1　平面绕边旋转一定角度的基准面

步骤 01　打开文件 D:\invsc14\work\ch05.01.01\plane-01.ipt。

步骤 02 选择命令。在 定位特征 区域中单击"平面"按钮 ⬜ 下的 平面，选择 ▾ ，选择 🔲 平面绕边旋转的角度 命令。

步骤 03 定义基准面的参考实体。在系统 选择线或平面 的提示下，选取图 5.1.1 所示的面为参考平面，然后选取图 5.1.1a 所示的边线为参考轴。

步骤 04 定义参数。在系统弹出的"平面"工具栏中输入角度值为-30.0，单击 ✔ 按钮，完成特征的创建。

 说明　工作平面有正反面之分，默认情况下正面颜色是淡黄色透明板，反面颜色是淡蓝色透明板，可以更改工作平面的名称，也可以控制显示与隐藏。

2. 平行于选定平面或面

步骤 01 选择命令，在 定位特征 区域中单击"平面"按钮 ⬜ 下的 平面 ，选择 🔲 从平面偏移 命令。

步骤 02 选取某一参考平面，然后在"基准面"工具栏的下拉列表中输入要偏距的距离。

步骤 03 单击 ✔ 按钮，完成偏距基准面的创建。

3. 垂直于选定曲线

利用点与曲线创建基准面，此基准面通过所选点，且与选定的曲线垂直。

下面介绍其创建的一般操作步骤，如图 5.1.2 所示。

a）创建前　　　　　　　　　　　　　　　b）创建后

图 5.1.2　垂直于选定曲线的基准面

步骤 01 打开文件 D:\invsc14\work\ch05.01.01\plane-02.ipt。

步骤 02 选择命令，在 定位特征 区域中单击"平面"按钮 ⬜ 下的 平面 ，选择 🔲 在指定点处与曲线垂直 命令。

步骤 03 定义基准面的参考实体。选取图 5.1.2 所示的曲线为参考线，然后再选取点 1。

步骤 04 完成通过点 1 且垂直于参考曲线的平面的创建。

4. 相切于选定曲面

通过选择一个曲面创建基准面，此基准面与所选曲面相切，需要注意的是，创建时应指定方向矢量。下面介绍其创建的一般操作步骤，如图 5.1.3 所示。

选取此面　　选取此点

a）创建前　　　　　　　　　　　b）创建后

图 5.1.3　相切于选定曲面的基准面

步骤 01 打开文件 D:\invsc14\work\ch05.01.01\plane-03.ipt。

步骤 02 选择命令，在 定位特征 区域中单击"平面"按钮 下的 平面 ，选择 与曲面相切且通过点 命令。

步骤 03 定义基准面的参考实体。选取图 5.1.3a 所示的点（曲线的中点）和曲面作为所要创建的基准面的参考实体。

5. 工作平面的显示大小

尽管工作平面实际上是一个无穷大的平面，但在默认情况下，系统根据模型大小对其进行缩放显示。显示的基准平面的大小随零件尺寸的不同而改变。除了那些即时生成的平面以外，其他所有工作平面的大小都可以加以调整，以适应零件、特征、曲面、边、轴或半径。操作步骤如下。

在浏览器上单击一基准面，然后右击，从弹出的快捷菜单中选择 自动调整大小(A) 命令，此时系统将根据图形区域零件的大小自动调整基准面；读者要想自由调整平面的大小，可通过如下操作：首先确认 自动调整大小(A) 不被选择，然后选取要更改大小的基准面，选中基准面上的某个控制点，通过拖动基准面上的四个控制点来调整基准面的大小。

6. 工作平面的作用

（1）用于作为草图绘制时的参考面。

（2）用于作为创建工作轴或工作点的参考。

（3）用于作为拉伸、旋转等特征时的终止平面。

（4）用于作为装配时的参考平面。

（5）用于作为装配或零件状态下剖切观察的剖面。

（6）工作平面还可以向其他的草图平面进行投影，作为草图的定位或参考基准。

5.1.2　工作轴

"工作轴（axis）"功能是在零件设计模块中建立轴线，同基准面一样，工作轴也可以用于特征创建时的参照，并且工作轴对创建基准平面、同轴放置项目和径向阵列特别有用。

创建工作轴后，系统用工作轴 1、工作轴 2 等依次自动分配其名称，要选取一个工作轴，可通过选择工作轴线自身或其名称。

1. 两平面创建工作轴

可以利用两个平面的交线创建工作轴。平面可以是系统提供的基准面，也可以是模型表面。如图 5.1.4b 所示，下面介绍其创建的一般操作步骤。

a）创建轴线前　　　　　　　　　　b）创建轴线后

图 5.1.4　两平面创建工作轴

步骤 01 打开文件 D:\invsc14\work\ch05.01.02\axis-01.ipt。

步骤 02 选择命令，在 定位特征 区域中单击"工作轴"按钮 后的小三角，选择 两个平面的交集 命令。

步骤 03 定义工作轴的参考实体。在系统 选择平面。 的提示下，依次选取图 5.1.4a 所示的两个面作为要创建的工作轴的参考实体，完成工作轴的创建。

2. 两点/顶点创建工作轴

利用两点连线创建工作轴。点可以是顶点、边线中点或其他基准点。

下面介绍图 5.1.5b 所示的工作轴创建的一般操作步骤。

步骤 01 打开文件 D:\invsc14\work\ch05.01.02\axis-02.ipt。

步骤 02 选择命令，在 定位特征 区域中单击"工作轴"按钮 后的小三角，选择 通过两点 命令。

a）创建轴线前　　　　　　　　　b）创建轴线后

图 5.1.5　两点/顶点创建工作轴

步骤 03 定义工作轴参考实体。在系统 选择点。 的提示下，选取图 5.1.5a 所示的顶点 1 和顶点 2 为工作轴的参考实体，完成工作轴的创建。

3. 圆柱/圆锥面创建工作轴

下面介绍图 5.1.6b 所示的工作轴创建的一般操作步骤。

步骤 01 打开文件 D:\invsc14\work\ch05.01.02\axis-03.ipt。

a）创建轴线前　　　　　　　　　b）创建轴线后

图 5.1.6　圆柱/圆锥面创建工作轴

步骤 02 选择命令，在 定位特征 区域中单击"工作轴"按钮 后的小三角 ，选择 通过旋转面或特征 命令。

步骤 03 定义工作轴参考实体。在系统 选择圆柱曲面或旋转式曲面。 的提示下，选取图 5.1.6a 所示的面为工作轴的参考实体，完成工作轴的创建。

4. 点和面/基准面创建工作轴

选择一个曲面（或基准面）和一个点生成工作轴，此工作轴通过所选点，且垂直于所选曲面（或基准面）。需注意的是，如果所选面是曲面，那么所选点必须位于曲面上。

下面介绍图 5.1.7b 所示的工作轴创建的一般操作步骤。

a）创建轴线前　　　　　　　　　b）创建轴线后

图 5.1.7　点和面/基准面创建基准轴

步骤 **01** 打开文件 D:\invsc14\work\ch05.01.02\axis-04.ipt。

步骤 **02** 选择命令，在 定位特征 区域中单击"工作轴"按钮 后的小三角 ，选择 垂直于平面且通过点 命令。

步骤 **03** 定义工作轴参考实体。在系统 选择平面或点。 的提示下，选取图 5.1.7a 所示的平面与点为工作轴的参考实体，完成工作轴的创建。

5. 工作轴的作用

（1）用于作为创建工作平面或工作点的参考。

（2）用于为旋转特征提供旋转轴。

（3）用于为装配约束提供参考。

（4）用于为工程图尺寸提供参考。

（5）用于为环形阵列体中心参考。

（6）用于作为对称的对称轴。

（7）用于为三维草图提供参考。

5.1.3 工作点

"工作点（point）"功能是在零件设计模块中创建点，作为其他实体创建的参考元素。

1. 面的中心创建点

利用所选面的中心创建工作点。

下面介绍图 5.1.8b 所示的工作点创建的一般操作步骤。

选取此模型表面　　　　　　　　　　　　　　　　创建此点

a）创建前　　　　　　　　　　　　　　　　　　b）创建后

图 5.1.8　面的中心创建点

步骤 **01** 打开文件 D:\invsc14\work\ch05.01.03\point-01.ipt。

步骤 **02** 选择命令。在 定位特征 区域中单击"工作点"按钮 后的小三角 ，选择 边回路的中心点 命令。

步骤 **03** 定义工作点参考实体。在系统 选择边回路。 的提示下，选取图 5.1.8a 所示的模型表面为工作点的参考实体，完成工作点的创建。

2. 交叉点创建工作点

在所选参考实体的交线处创建点，参考实体可以是边线、曲线或草图线段。

下面介绍图 5.1.9b 所示工作点创建的一般操作步骤。

参考实体

创建此点

a）创建前

b）创建后

图 5.1.9　交叉点创建点

步骤 01　打开文件 D:\invsc14\work\ch05.01.03\point-02.ipt。

步骤 02　选择命令，在 定位特征 区域中单击 "工作点" 按钮 后的小三角，选择 两条线的交集 命令。

步骤 03　定义工作点参考实体。在系统 选择线。 的提示下，选取图 5.1.9a 所示的两条边线为工作点的参考实体，完成工作点的创建。

3. 工作点的作用

（1）用于作为创建工作平面或工作轴的参考。

（2）投影工作点作为二维草图的参考点。

（3）用于为装配约束提供参考。

（4）用于作为工作坐标系的参考。

（5）用于为三维草图提供参考。

5.1.4　用户坐标系

"用户坐标系（coordinate）" 功能是在零件设计模块中创建坐标系，作为其他实体创建的参考元素。

下面介绍图 5.1.10b 所示用户坐标系创建的一般操作步骤。

步骤 01　打开文件 D:\invsc14\work\ch05.01.04\coordinate.ipt。

步骤 02　选择命令，在 定位特征 区域中单击 "用户坐标系" 按钮。

步骤 03　定义坐标系参数。

点 2　　　　点 1

顶点

a）创建前　　　　　　　　　b）创建后

图 5.1.10　创建坐标系

（1）定义坐标系原点。在系统 拖动 UCS 至某个位置，或选择顶点或工作点来定义原点位置。 的提示下，选取图 5.1.10a 所示的顶点为坐标系原点。

（2）定义坐标系 X 轴。在系统 指定 X 轴的方向 的提示下选取图 5.1.10a 所示的点 1。

（3）定义坐标系 Y 轴。在系统 指定 Y 轴的方向 的提示下选取图 5.1.10a 所示的点 2。

5.2　孔特征

Inventor 中提供了专门的孔特征（Hole）命令，用户可以方便而快速地创建各种要求的孔。

5.2.1　简单直孔

下面以图 5.2.1 所示的简单模型为例，说明在模型上创建孔特征（简单直孔）的一般操作步骤。

步骤 01 打开文件 D:\invsc14\work\ch05.02.01\hole-01.ipt，如图 5.2.1a 所示。

同心参考

孔的放置面

a）钻孔前　　　　　　　　　b）钻孔后

图 5.2.1　孔特征

步骤 02 选择命令。在 修改 ▼ 区域中单击 ⊙ 按钮，系统弹出图 5.2.2 所示的"孔"对话框。

图 5.2.2   "孔"对话框

图 5.2.2 所示的"孔"对话框中各选项的说明如下。

◆   图 5.2.2 所示的"孔"对话框的 **放置** 区域中，单击"线性"选项后的小三角形，可
选择四种定位孔的放置方式，各选项功能如下。

●   **从草图** 选项：选中此选项，则可以利用草图中的孔中心点或者其他的可用端
点作为孔的定位点。

●   **线性** 选项：选中此选项，则需要选取两条边线作为孔的放置参考。

●   **同心** 选项：选取此选项，可以创建与环形边或圆柱面同心的孔。

●   **参考点** 选项：用于创建与工作点重合并且根据轴、边或工作平面定位的孔。

●   **面** 选项：用于选择要放置孔的平面。

●   **参考1** 选项：用于选择为标注孔放置而参考的第一条线性边。

●   **参考2** 选项：用于选择为标注孔放置而参考的第二条线性边。

◆   图 5.2.2 所示的"孔"对话框的 **放置** 区域右侧可以选择打孔的样式，可选择四种孔
的样式，各样式的说明如下。

●   （直孔）选项：表示创建孔的样式为直孔。

●   （沉头孔）选项：表示创建孔的样式为沉头孔。

●   （沉头平面孔）选项：表示创建孔的样式为沉头平面孔。

●   （倒角孔）选项：表示创建孔的样式为倒角孔（或者称为埋头孔）。

◆   图 5.2.2 所示的"孔"对话框的 **孔底** 区域用于设置孔的底部类型，各类型的说明如
下。

- ◉ ▢（平直）选项：表示创建孔的底部为平面。
- ◉ ▽（角度）选项：表示创建孔的底部成一定角度。

◆ 图 5.2.2 所示的"孔"对话框的 终止方式 区域用于设置孔的终止方式，各终止方式的说明如下。

- 距离 选项：可以创建确定深度尺寸类型的特征，此时特征将从草绘平面开始，按照所输入的数值（即拉伸深度值）向特征创建的方向一侧生成。
- 贯通 选项：特征将与所有曲面相交。
- 到 选项：特征在拉伸方向上延伸，直到与指定的平面相交。

◆ 图 5.2.2 所示的"孔"对话框的 孔底 区域下方用于设置孔的类型，各类型的说明如下。

- ◉ ▥选项：表示创建孔的类型为不带螺纹的简单孔。
- ◉ ▥选项：表示创建孔的类型为与选定的紧固件配合的孔。
- ◉ ▤选项：表示创建孔的类型为带螺纹的孔。
- ◉ ▽选项：表示创建孔的类型为带螺纹的锥度孔。

步骤 **03** 定义孔的放置方式及参考。在"孔"对话框 放置 区域的下拉列表中选择 ◎ 同心 选项，在系统 选择平面或工作平面作为放置平面 的提示下，选取图 5.2.1a 所示的模型表面为孔的放置面，在系统 选择环形边或圆柱面以参考孔中心 的提示下选取图 5.2.1a 所示的边线为同心参考。

步骤 **04** 定义孔的样式及类型。在"孔"对话框中确认"直孔"按钮 ▥ 与"简单孔"按钮 ◉ ▥ 被选中。

步骤 **05** 定义孔的参数。

（1）定义孔的深度。在"孔"对话框 终止方式 区域的下拉列表中选择 贯通 选项。

（2）定义孔的直径。在"孔"对话框预览图像区域输入孔的直径值为 40.0。

步骤 **06** 单击"孔"对话框中的 确定 按钮，完成孔的创建。

5.2.2 标准孔

下面以图 5.2.3 所示的简单模型为例，说明在模型上创建孔特征（标准孔）的一般操作步骤。

a）钻孔前　　　　　　　　　　　　b）钻孔后

图 5.2.3 螺纹孔特征

步骤 01 打开文件 D:\invsc14\work\ch05.02.02\hole-02.ipt，如图 5.2.3 所示。

步骤 02 选择命令。在 修改 ▼ 区域中单击 按钮，系统弹出"孔"对话框。

步骤 03 定义孔的放置方式及参考。在"孔"对话框 放置 区域的下拉列表中选择 ◎ 同心 选项，在系统 选择平面或工作平面作为放置平面 的提示下，选取图 5.2.4 所示的模型表面为孔的放置面，在系统 选择环形边或圆柱面以参考孔中心 的提示下选取图 5.2.5 所示的边线为同心参考。

图 5.2.4 定义孔的放置面

图 5.2.5 定义同心参考

步骤 04 定义孔的样式及类型，在"孔"对话框中确认"直孔"按钮 和"螺纹孔"按钮 被选中，在 螺纹 区域 螺纹类型 下拉列表中选择 GB Metric profile 选项，在 尺寸 下拉列表中选择 30，在 规格 下拉列表中选择 M30，其余参数接受系统默认。

步骤 05 定义孔的参数。

（1）定义孔的深度。在"孔"对话框 终止方式 区域的下拉列表中选择 贯通 选项。

（2）定义孔的直径。在"孔"对话框孔预览图像区域输入图 5.2.6 所示的参数。

步骤 06 单击"孔"对话框中的 确定 按钮，完成孔的创建。

图 5.2.6 定义孔参数

5.3 修饰特征

5.3.1 螺纹特征

螺纹特征（Thread）是在其他特征上创建，它在零件建模时并不能完整反映螺纹，只是以贴图的形式显示出螺纹效果，但其在工程图中可以清晰地显示出来。

螺纹特征可以表示外螺纹或内螺纹，可以是不通的或贯通的，可通过指定螺纹内径或螺纹外径（分别对于外螺纹和内螺纹）来创建螺纹特征。

下面以图 5.3.1 所示的简单零件为例，说明在一个模型上添加螺纹特征的详细过程。

a）创建前　　　　　　　　　　　　　b）创建后

图 5.3.1　螺纹特征

步骤 01 打开文件 D:\invsc14\work\ch05.03.01\thread.ipt。

步骤 02 选择命令，在 `修改 ▼` 区域中单击 `螺纹` 按钮，系统弹出图 5.3.2 所示的"螺纹"对话框。

图 5.3.2　"螺纹"对话框

步骤 03 定义螺纹放置面。选择图 5.3.1a 所示的面作为螺纹放置面。

步骤 04 定义螺纹参数。在"螺纹"对话框中选中 `☑ 全螺纹` 复选框；单击 `定义` 选项卡，在 `螺纹类型` 下拉列表中选择 `GB Metric profile` 选项，在 `规格` 下拉列表中选择 `M12x1.5` 选项。

步骤 05 单击"螺纹"对话框中的 `确定` 按钮，完成螺纹特征的创建。

5.3.2　倒角特征

倒角（chamfer）特征实际上是一个在两个相交面的交线上建立斜面的特征。倒角特征属于构建特征。构建特征不能单独生成，而只能在其他特征之上生成，构建特征包括倒角特征、圆角特征、孔特征和修饰特征等。

下面以图 5.3.3 所示的简单零件为例，说明在一个模型上添加倒角特征的详细过程。

a）倒角前　　　　　　　　　　　　b）倒角后

图 5.3.3　倒角特征

步骤 01　打开文件 D:\invsc14\work\ ch05.03.02\chamfer.ipt。

步骤 02　选择命令，在 **修改 ▼** 区域中单击 **◎ 倒角** 按钮，系统弹出图 5.3.4 所示的"倒角"对话框。

图 5.3.4　"倒角"对话框

图 5.3.4 所示的"倒角"对话框的说明如下。

◆ 选项：创建的倒角沿两个邻接曲面距选定边的距离相等，需输入倒角的值。

◆ 选项：创建的倒角沿一邻接曲面距选定边的距离为倒角值，并且与该面成一指定夹角；只能在两个平面之间使用该命令，需输入角度和倒角边长的值，如图 5.3.5 所示。

◆ 选项：创建的倒角沿第一个曲面距选定边的距离为倒角边长 1，沿第二个曲面距选定边的距离为倒角边长 2，需输入倒角边长 1 和倒角边长 2 的值，如图 5.3.6 所示。

图 5.3.5　应用"倒角边长和角度"的倒角　　　图 5.3.6　应用"两个倒角边长"的倒角

◆ 边选项：用于定义要倒角的各条边。

◆ 面选项：用于定义由距离和角度定义的倒角边。

◆ ![icon]选项：对于由两个距离定义的倒角，使倒角距离的方向相反。

◆ ![倒角边长]文本框：用于指定倒角的距离。

◆ ![角度]文本框：用于由距离和角度选项定义倒角时倒角的角度。

◆ ![icon]选项：用于选择所有相连相切边。

◆ ![icon]选项：用于选择独立的边。

◆ ![icon]选项：用于在平面相交处连续倒角，如图 5.3.7 所示。

◆ ![icon]选项：用于在相交处形成角点，如图 5.3.8 所示。

图 5.3.7 应用"过渡"的倒角

图 5.3.8 无过渡的倒角

步骤 03 定义倒角类型。在"倒角"对话框中定义倒角类型为"倒角边长"选项![icon]。

步骤 04 选取模型中要倒角的边线，如图 5.3.3a 所示。

步骤 05 定义倒角参数。在"倒角"对话框![倒角边长]文本框中输入数值 2。

步骤 06 单击"倒角"对话框中的 ![确定] 按钮，完成倒角特征的定义。

5.3.3 圆角特征

圆角（Round）特征可创建曲面间的圆角或中间曲面位置的圆角。曲面可以是实体模型的曲面，也可以是曲面特征。在 Inventor 中提供了三种倒圆角的方法，用户可以根据不同情况进行倒圆角操作。这里将其中的两种倒圆角方法介绍如下。

1. 创建等半径圆角

下面以图 5.3.9 所示的一个简单模型为例，说明创建等半径圆角特征的一般操作步骤。

选取此两条边线

a）倒圆角前

b）倒圆角后

图 5.3.9 等半径圆角特征

步骤 01 打开文件 D:\invsc14\work\ch05.03.03\round-01.ipt。

步骤 02 选择命令。在 修改 ▼ 区域中单击 按钮，系统弹出图 5.3.10 所示的"圆角"对话框（一）。

图 5.3.10 "圆角"对话框（一）

步骤 03 定义圆角类型。在"圆角"对话框（一）中单击"边圆角"按钮，并确认 等半径 选项卡被激活。

步骤 04 选取要圆角的对象。在系统 选择一条边进行圆角 的提示下，选取图 5.3.9 所示的两条模型边线为要倒圆角的对象。

步骤 05 定义倒圆参数。在"倒圆角"小工具栏"半径 R"文本框中输入值 15。

步骤 06 单击"圆角"对话框中的 确定 按钮，完成等半径圆角特征的创建，如图 5.3.9 所示。

图 5.3.10 所示的"圆角"对话框（一）的说明如下。

◆ （边圆角）选项：用于在零件的一条或者多条边线上添加圆角。

◆ （面圆角）选项：用于在不需要共享边的两个选定的面集之间添加圆角。

◆ （全圆角）选项：用于添加与三个相邻面相切的变半径的圆角。

◆ 边 选项：用于显示当前所选边的数目。

◆ 半径 选项：用于指定所选边线倒圆的半径值。

- ◆ 选择模式 区域：用于改变在一组边中添加或者删除边的方法。
- ◆ ◉ 边 选项：用于选择或者删除单条边线。
- ◆ ◉ 回路 选项：用于选择或者删除在一个面上形成封闭回路的边。
- ◆ ◉ 特征 选项：用于选择或者删除因某个特征与其他面相交所导致的边以外的所有边。
- ◆ ▸ 实体 选项：用于选择多实体零件中的参与实体，在单实体零件中不可用。
- ◆ ☑ 所有圆角 选项：用于选择或删除所有剩余的凹边和拐角，在部件环境中不可用。
- ◆ ☑ 所有圆边 选项：用于选择或删除所有剩余的凸边和拐角，选择或删除所有剩余的凸边和拐角。在部件环境中不可用。
- ◆ ☐ 沿尖锐边旋转 选项：选中该复选框可以在需要时改变指定的半径，以保证相邻面的边壁延伸。
- ◆ ☑ 在可能的位置使用球面连接 选项：选中该复选框用于创建一个边圆角，若清除该复选框则在锐利拐角的边圆角之间建立连续相切的过渡，效果如图 5.3.11 所示。

a）选中　　　　　　　　　　　b）不选中

图 5.3.11　在可能位置使用球面连接选项

- ◆ ☑ 自动链选边 选项：选中该复选框可以在选择一条圆角边时自动选取所有与其相切的边。
- ◆ ☐ 保留所有特征 选项：选中该复选框，所有与圆角相交的特征都会被选中，并且在进行圆角操作时计算它们的交线。如果取消选中该复选框，则在圆角操作中只计算参与操作的边。
- ◆ ☑ 👓 选项：用于提供当前选择的圆角预览。

2. 创建变半径圆角

下面以图 5.3.12 所示的一个简单模型为例，说明创建变半径圆角特征的一般过程。

边线

a）倒圆角前　　　　　　　　　　b）倒圆角后

图 5.3.12　变半径圆角特征

步骤 01 打开文件 D:\invsc14\work\ch05.03.03\round-02.ipt。

步骤 02 选择命令。在 修改 ▼ 区域中单击 ⬤ 按钮，系统弹出"圆角"对话框（一）。

步骤 03 定义圆角类型。在"圆角"对话框（二）中单击"边圆角"按钮 🔲，并单击 🔲 变半径 选项卡，如图 5.3.13 所示。

步骤 04 选取要倒圆角的对象。在系统 选择一条边进行圆角 的提示下，选取图 5.3.12a 所示的模型边线 1 为要倒圆角的对象。

步骤 05 定义倒圆参数。在选中的倒圆边线上单击，此时在"圆角"对话框"点"区域会添加除了开始点与结束点之外的另外一个点，然后在"圆角"对话框 半径 文本框中修改控制点的半径值，并修改点 1 的位置（具体数值可参考图 5.3.13 所示）。

图 5.3.13 "圆角"对话框（二）

步骤 06 单击"圆角"对话框中的 确定 按钮，完成变半径圆角特征的定义。

图 5.3.13 所示的"圆角"对话框（二）的说明如下。

◆ ☑ 平滑半径过渡 选项：选中该复选框可以使圆角在控制点之间逐渐过渡，若取消选中该复选框则在控制点之间用线性过渡来创建圆角，效果如图 5.3.14 所示。

a）不选中   b）选中

图 5.3.14 平滑半径过渡选项

3. 创建面圆角

下面以图 5.3.15 所示的一个简单模型为例，说明创建面圆角特征的一般过程。

a）圆角前　　　　　　　　　　　　　　　　b）圆角后

图 5.3.15　创建面圆角特征

步骤 01 打开文件 D:\invsc14\work\ch05.03.03\round-03.ipt。

步骤 02 选择命令。在 修改 ▼ 区域中单击 🔵 按钮，系统弹出"圆角"对话框（一）。

步骤 03 定义圆角类型。在"圆角"对话框单击"面圆角"按钮 🔘，系统弹出图 5.3.16 所示的"圆角"对话框（三）。

图 5.3.16　"圆角"对话框（三）

图 5.3.16 所示的"圆角"对话框（三）的说明如下。

◆ 🔘 ↗ 面集1 选项：用于指定要创建圆角的第一个面集中的模型或曲面的一个或多个相切面、连续面，可通过反转按钮反转在选取曲面时要在其上创建圆角的侧面。

◆ 🔘 ↗ 面集2 选项：用于指定要创建圆角的第二个面集中的模型或曲面的一个或多个相切面、连续面，可通过反转按钮反转在选取曲面时要在其上创建圆角的侧面。

◆ ☑ 包括相切面 选项：选中此选项则允许圆角在相切面、相邻面上自动延续。

◆　☑ 优化单个选择 选项：选中此选项后，当单个选择后，系统自动进入下一个"选择"命令。

◆　半径 文本框：用于指定所选面集的圆角半径。

（步骤 04） 选取要倒圆角的对象。在系统 选择面进行过渡 的提示下，选取图 5.3.15a 所示的模型面 1 和面 2。

（步骤 05） 定义倒圆参数。在"圆角"对话框 半径 文本框中输入数值 40。

（步骤 06） 单击对话框中的 确定 按钮，完成圆角特征的定义。

4. 创建全圆角

全圆角：生成相切于三个相邻面组（一个或多个面相切）的圆角。

下面以图 5.3.17 所示的一个简单模型为例，说明创建全圆角特征的一般操作步骤。

a）倒圆角前　　　　　　　　　　　　　b）倒圆角后

图 5.3.17　完整圆角特征

（步骤 01） 打开文件 D:\invsc14\work\ch05.03.03\round-04.ipt。

（步骤 02） 选择命令。在 修改 ▼ 区域中单击 按钮，系统弹出"圆角"对话框（一）。

（步骤 03） 定义圆角类型。在"圆角"对话框中单击"全圆角"按钮，系统弹出图 5.3.18 所示的"圆角"对话框（四）。

图 5.3.18　"圆角"对话框（四）

步骤 04 选取要倒圆角的对象。在系统 选择面进行过渡 的提示下，依次选取图 5.3.17a 所示的模型侧面集 1、中心面集、侧面集 2。

步骤 05 单击对话框中的 确定 按钮，完成全圆圆角特征的定义。

说明

◆ 在添加小圆角之前添加较大圆角。当有多个圆角汇聚于一个顶点时，应先生成较大的圆角。

◆ 在生成圆角前先添加拔模。如果要生成具有多个圆角边线及拔模面的铸模零件，在大多数的情况下，应在添加圆角之前添加拔模特征。

◆ 最后添加装饰用的圆角。在大多数其他几何体定位后，尝试添加装饰圆角。越早添加它们，则系统需要花费越长的时间重建零件。

◆ 如要加快零件重建的速度，请使用单一圆角操作来处理需要相同半径圆角的多条边线。然而，如果改变此圆角的半径，则在同一操作中生成的所有圆角都会改变。

5.3.4　抽壳特征

抽壳特征（Shell）是将实体的内部掏空，留下一定壁厚（等壁厚或多壁厚）的空腔，该空腔可以是封闭的，也可以是开放的，如图 5.3.19 所示。在使用该命令时，要注意各特征的创建次序。

1. 等壁厚抽壳

下面以图 5.3.19 所示的简单模型为例，说明创建等壁厚抽壳特征的一般操作步骤。

步骤 01 打开文件 D:\invsc14\work\ch05.03.04\shell-01.ipt。

移除面

a）抽壳前　　　　　　　　　　b）抽壳后

图 5.3.19　等壁厚的抽壳

步骤 02 选择命令。在 修改 ▼ 区域中单击 抽壳 按钮，系统弹出图 5.3.20 所示的"抽壳"对话框。

图 5.3.20 "抽壳"对话框

（步骤 **03**）选择要移除的面。在系统 选择要去除的表面 的提示下，选择图 5.3.19a 所示的模型表面为要移除的面。

（步骤 **04**）定义抽壳厚度。在"抽壳"对话框 厚度 文本框中输入抽壳厚度值为 0.5。

（步骤 **05**）单击"抽壳"对话框中的 确定 按钮，完成抽壳特征的创建。

图 5.3.20 所示的"抽壳"对话框中的各选项说明如下。

◆ （向内）选项：用于向零件的内部偏移壳壁，原始零件的外壁成为抽壳的外壁。

◆ （向外）选项：用于向零件内部偏移壳壁，原始零件的外壁成为抽壳的外壁。

◆ （双向）选项：用于向零件内部和外部以相同距离偏移壳壁，零件的每侧厚度将增加抽壳厚度的一半。

◆ 开口面 选项：用于选择要删除的零件面，保留剩余的面作为壳壁。

◆ 厚度 文本框：用于指定抽壳面的厚度。

2. 多壁厚抽壳

利用多壁厚抽壳，可以生成在不同面上具有不同壁厚的抽壳特征。

下面以图 5.3.21 所示的简单模型为例，说明创建多壁厚抽壳特征的一般过程。

（步骤 **01**）打开文件 D:\invsc14\work\ch05.03.04\shell-02.ipt。

（步骤 **02**）选择命令。在 修改 ▼ 区域中单击 抽壳 按钮，系统弹出"抽壳"对话框，然后单击 >> 按钮。

a）抽壳前　　　　　　　　　　　　　　　　b）抽壳后

图 5.3.21 等壁厚的抽壳

步骤 **03** 定义抽壳厚度。在"抽壳"对话框 厚度 文本框中输入抽壳厚度值为 3。

步骤 **04** 选择要移除的面。在系统 选择要去除的表面 的提示下，选择图 5.3.21a 所示的模型表面为要移除的面。

步骤 **05** 定义抽壳剩余面的厚度。在"抽壳"对话框 特殊面厚度 区域单击 单击以添加 使其激活，然后选取图 5.3.21a 所示的特殊面，输入厚度值 8。

步骤 **06** 单击"抽壳"对话框中的 确定 按钮，完成抽壳特征的创建。

5.3.5 拔模特征

注射件和铸件往往需要一个拔摸斜面才能顺利脱模，Inventor 的拔摸（斜度）特征就是用来创建模型的拔摸斜面的。拔模特征共三种：固定边拔模、固定平面拔模和分模线拔模。

下面以图 5.3.22 所示的模型为例，说明从固定平面拔模特征的一般操作过程。

步骤 **01** 打开文件 D:\invsc14\work\ch05.03.05\draft.ipt。

要拔模的面
固定平面

a）拔模前　　　　　　　　　　b）拔模后

图 5.3.22　拔模（斜度）特征

步骤 **02** 选择命令。在 修改 ▼ 区域中单击 拔模 按钮，系统弹出图 5.3.23 所示的"面拔模"对话框。

图 5.3.23　"面拔模"对话框

图 5.3.23 所示的"面拔模"对话框中的各选项说明如下。

◆ （固定边）选项：选中此选项，指定拔模角度将从零件边开始，如图 5.3.24 所示。

◆ （固定平面）选项：选中此选项，指定的拔模角度将从参考平面定义，如图 5.3.25 所示。

◆ （分模线）选项：用于创建有关二维或三维的拔模，模型将在分模线的上方和下方进行拔模，使用此选项的前提是有一个三维的线即分模线。

图 5.3.24　固定边拔模

图 5.3.25　固定面拔模

◆ 固定平面选项：用于选取在拔模过程中固定不变的面，同时通过此面确定拔模的方向，读者可通过按钮改变拔模的方向。

◆ 面选项：用于选取要进行拔模的面。

◆ ☑自动链选面选项：选中该复选框可以在选择一个面时自动选取所有与其相切的面。

◆ ☑自动过渡选项：用于以圆角或其他特征过渡到其他面。

◆ 拔模斜度选项：用于设置拔模的角度。

◆ （单项）选项：用于在一个方向上进行拔模。

◆ （对称）选项：用于在平面或分模线的上方和下方添加同一角度的拔模。

◆ （步对称）选项：用于在平面或分模线上方和下方添加不同角度的拔模。

步骤 03 定义拔模类型。在"面拔模"对话框中将拔模类型设置为"固定平面"类型。

步骤 04 定义固定面。在系统选择平面或工作平面的提示下，选取图 5.3.22a 所示的模型表面为拔模固定平面。

步骤 05 定义拔模面。在系统选择拔模面的提示下，选取图 5.3.22a 所示的模型表面为需要拔模的面。

步骤 06 定义拔模属性。在"面拔模"对话框拔模斜度文本框中输入数值 15。

步骤 07 定义拔模方向。拔模方向如图 5.3.26 所示。

步骤 08 单击 确定 按钮，完成从固定平面拔模特征的创建。

图 5.3.26　定义拔模方向

5.4 加强筋（肋板）特征

加强筋（肋板）设计是用来加固零件的，也常用来防止出现不需要的折弯。肋板（筋）特征的创建过程与拉伸特征基本相似，不同的是加强筋(肋板)特征的截面草图是不封闭的。

下面以图 5.4.1 所示的模型为例，说明创建加强筋（肋板）特征的一般过程。

a）创建前　　　　　　b）创建后

图 5.4.1　筋特征

步骤 01 打开文件 D:\invsc14\work\ch05.04\rib.ipt。

步骤 02 定义（肋板）特征的截面草图。

（1）在 三维模型 选项卡 草图 区域单击 按钮，然后选择 YZ 平面为草图平面，系统进入草图设计环境。

（2）绘制图 5.4.2 所示的草图，单击 按钮，退出草绘环境。

步骤 03 选择命令。在 创建 ▾ 区域中单击 加强筋 按钮，系统弹出图 5.4.3 所示的"加强筋"对话框。

图 5.4.2　截面草图

图 5.4.3　"加强筋"对话框

图 5.4.3 所示的"加强筋"对话框中的各选项说明如下。

◆ （垂直于草图平面）选项：用于创建加强筋厚度垂直于草图平面的筋特征，如图 5.4.4 所示。

◆ （平行于草图平面）选项：用于创建加强筋厚度平行于草图平面的筋特征，如

图 5.4.5 所示。

◆ 截面轮廓选项：用于定义加强筋形状的截面轮廓。此轮廓可以开放也可以封闭。

◆ 选项：用于指定几何图元的拉伸方向。

◆ 厚度文本框：用于指定加强筋的厚度。

◆ 选项：用于选择要创建特征的轮廓的一侧。肋板方向可以是向一侧、向另一侧或者双向拉伸，如图 5.4.6 所示。

图 5.4.4 "垂直于草图平面"选项

图 5.4.5 "平行于草图平面"选项

a）双向

b）左侧

c）右侧

图 5.4.6 轮廓一侧形式

◆ （到表面或平面）选项：使加强筋或腹板终止于下一个面，如图 5.4.7 所示。

◆ （有限地）选项：设定加强筋或腹板终止的特定距离，需输入一个值，如图 5.4.8 所示。

图 5.4.7 "到表面或平面"选项

图 5.4.8 "有限的"选项

步骤 04 指定加强筋轮廓。在绘图区域选取 步骤 02 中创建的截面草图。

步骤 05 指定加强筋的类型。在"加强筋"对话框单击"平行于草图平面"按钮。

步骤 06 定义加强筋特征的参数。

（1）定义加强筋的拉伸方向。在"加强筋"对话框中设置拉伸方向为"方向 1"类型。

（2）定义加强筋的厚度。在 厚度 文本框中输入数值 0.5，将加强筋的生成方向设置为"双向"类型 ，其余参数接受系统默认设置。

步骤 07 单击"加强筋"对话框中的 确定 按钮，完成加强筋特征的创建。

5.5 扫掠特征

5.5.1 创建扫掠特征的一般过程

如图 5.5.1 所示，扫掠（Sweep）特征是将一个截面沿着给定的轨迹"掠过"而生成的。要创建或重新定义一个扫掠特征，必须给定两大特征要素，即扫掠轨迹和扫掠截面。

下面以图 5.5.1 为例，说明创建扫掠拉伸特征的一般过程。

步骤 01 打开模型文件 D:\invsc14\work\ch05.05.01\sweep.ipt。

步骤 02 选择扫掠命令。在 创建 ▼ 区域中单击"扫掠"按钮 🔂 扫掠 ，系统弹出图 5.5.2 所示的"扫掠"对话框。

图 5.5.1 扫掠拉伸特征

图 5.5.2 所示的"扫掠"对话框的部分选项说明如下。

◆ 截面轮廓 选项：用于指定草图的一个或多个截面轮廓以沿选定的路径进行扫掠，如果草图中只有一个封闭的截面轮廓，系统将自动选中。

◆ 路径 选项：用于为截面轮廓指定路径或者轨迹，路径可以开放也可以封闭，需要注意的是，路径必须穿透轮廓截面。

◆ 类型 下拉列表：用于指定要创建的扫

图 5.5.2 "扫掠"对话框

掠类型。

- **路径** 选项：用于沿路径扫掠截面轮廓以创建扫掠特征。
- **路径和引导轨道** 选项：用于沿路径扫掠截面轮廓以创建扫掠特征。
- **路径和引导曲面** 选项：用于沿路径和引导曲面扫掠截面轮廓以创建扫掠特征。
- **输出** 区域：用于指定扫掠特征是实体还是曲面。
- **路径** 选项：选中该选项，扫掠截面相对于扫掠路径不变，所有扫掠截面都维持与该路径相关的原始截面轮廓，效果如图 5.5.3 所示。
- **平行** 选项：选中该选项，扫掠截面将保持与原始截面平行，效果如图 5.5.4 所示。
- **锥度** 选项：用于设置垂直于草图平面的扫掠的扫掠斜角，此选项不适用于"平行"。

图 5.5.3　路径　　　　　　　　　　图 5.5.4　平行

步骤 03 定义扫掠轨迹。在"扫掠"对话框中确认 **路径** 前的 按钮被按下，然后在图形区中选取图 5.5.1 所示的扫掠轨迹，完成扫掠轨迹的选取。

步骤 04 定义扫掠类型。在"扫掠"对话框 **类型** 区域的下拉列表中选择 **路径**，其他参数接受系统默认。

步骤 05 单击"扫掠"对话框中的 **确定** 按钮，完成扫掠特征的创建。

创建扫掠特征，必须遵循以下规则，否则扫掠可能失败。

- 相对于扫掠截面的大小，扫掠轨迹中的弧或样条半径不能太小，否则扫掠特征在经过该弧时会由于自相交而出现特征生成失败。
- 对于切削材料类的扫掠特征，其扫掠轨迹也不能自身相交。
- 对于填料类的扫掠特征而言，轮廓必须是封闭环，若是曲面扫掠，则轮廓可以是开环也可以是闭环。
- 路径可以为开环或闭环。
- 路径可以是一张草图、一条曲线或模型边线。
- 路径的起点必须位于轮廓的基准面上。
- 不论是截面、路径还是所要形成的实体，都不能出现自相交叉的情况。

5.5.2 创建扫掠切削特征的一般过程

下面以图 5.5.5 为例，说明创建扫掠切削特征的一般过程。

a）切削前   b）切削后

图 5.5.5 扫掠切削特征

步骤 01 打开文件 D:\invsc14\work\ch05.05.02\sweep-cut.ipt。

步骤 02 选择扫掠命令。在 创建 ▾ 区域中单击 扫掠 按钮，系统弹出"扫掠"对话框。

步骤 03 定义扫掠轨迹。在"扫掠"对话框中确认 路径 前的 按钮被按下，然后在图形区中选取图 5.5.5 所示的扫掠轨迹。

步骤 04 定义扫掠类型。在"扫掠"对话框 类型 区域的下拉列表中选择 路径 选项，在区域中选中 ⊙ 平行 单选项，其他参数接受系统默认。

步骤 05 在"扫掠"对话框中单击"求差"类型 ，单击 确定 按钮，完成扫掠切削特征的创建。

5.6 螺旋扫掠特征

如图 5.6.1 所示，将一个截面沿着螺旋轨迹线进行扫掠，可形成螺旋扫掠（Helical Sweep）特征。该特征常用于创建弹簧、螺纹与蜗杆等零件形状。

图 5.6.1 螺旋扫掠特征

这里以图 5.6.1 所示的螺旋特征为例，说明创建这类特征的一般过程。

步骤 01 新建一个零件模型。

步骤 02 创建图 5.6.2 所示的草图 1。

（1）在 草图 区域中单击 按钮。

（2）选取 XY 平面为草图平面，进入草图绘制环境。

（3）绘制图 5.6.2 所示的草图 1，单击 ✔ 按钮，退出草绘环境。

步骤 03 选择命令。在 创建 ▼ 区域中单击 螺旋扫掠 按钮，系统弹出图 5.6.3 所示的"螺旋扫掠"对话框（一）。

图 5.6.2　草图 1

图 5.6.3　"螺旋扫掠"对话框（一）

图 5.6.3 所示的"螺旋扫掠"对话框 90 的说明如下。

◆ 截面轮廓 选项：用于指定草图的一个截面轮廓，如果草图中只有一个封闭的截面轮廓，系统将自动选中；如果有多个截面轮廓，需要我们手动指定一个。

◆ 旋转轴 选项：用于指定螺旋扫掠的旋转轴。

◆ 转动 区域：用于指定螺旋扫掠是顺时针方向，还是逆时针方向。

◆ 选项：用于定义螺旋的横截面和螺旋轴。横截面可以平行或垂直于旋转轴。

步骤 04 定义特征的旋转轴。单击 按钮，然后将图 5.6.2 所示的线定义为旋转轴。

步骤 05 定义螺旋规格。

（1）在"螺旋扫掠"对话框中单击 螺旋规格 选项卡，系统弹出图 5.6.4 所示的"螺旋扫掠"对话框（二）。

图 5.6.4 所示的"螺旋扫掠"对话框（二）的说明如下。

◆ 转数和高度 ▼ 选项：用于定义螺旋的方式。

◆ 螺距和转数 选项：用于通过指定螺距和圈数定义螺旋。

◆ 转数和高度 选项：用于通过指定圈数和高度定义螺旋。

◆ 螺距和高度 选项：用于通过指定螺距和高度定义螺旋。

◆ 平面螺旋 选项：用于在一个平面内创建螺旋。

◆ 锥度 选项：用于创建有一定锥度的螺旋。

（2）在"螺旋扫掠"对话框（二）的 类型 下拉列表中选择 转数和高度 选项，然后在 高度 文本框中输入数值 50，在 旋转 文本框中输入数值 5，在 锥度 文本框中输入数值 0。

步骤 **06** 单击"螺旋扫掠"对话框中的 确定 按钮，完成螺旋特征的创建。

图 5.6.4 "螺旋扫掠"对话框（二）

5.7 放样特征

放样特征是将一组不同的截面沿其边线用过渡曲面连接形成一个连续的特征，放样特征分为凸台放样特征和切除放样特征，分别用于生成实体和切除实体。放样特征至少需要两个截面，且不同截面应预先绘制在不同的草图平面上。图 5.7.1 所示的放样特征是由三个平行的截面放样而成的。

5.7.1 创建放样特征的一般过程

下面以图 5.7.1 所示的实体为例，说明创建填料放样特征的一般过程。

图 5.7.1 放样特征

步骤 01 打开文件 D:\invsc14\work\ch05.07.01\blend-01.ipt。

步骤 02 创建图 5.7.1 所示的放样 1。

（1）选择命令。在 创建 ▼ 区域中单击 🔲 放样 按钮，系统弹出图 5.7.2 所示的"放样"对话框。

图 5.7.2 "放样"对话框

图 5.7.2 所示的"放样"对话框的说明如下。

◆ 截面 选项：用于指定要包括在放样中的截面轮廓。

◆ ⊙ 🔲 选项：用于指定截面与截面之间控制放样形状的二维或三维曲线，需要注意的是，轨道必须与截面相交，效果如图 5.7.3 所示。

a）不添加轨迹的放样　　　　b）截面轮廓与轨迹　　　　c）添加轨迹的放样

图 5.7.3 轨迹线选项

◆ ⊙ 🔲 选项：用中心线引导放样形状，其作用与扫掠路径类似。

◆ ⊙ 🔲 选项：用于允许控制沿中心线放样的指定点处的横截面面积。

◆ ☑ 封闭回路 选项：用于将第一个截面与最后一个截面之间连接起来，以构成封闭回路。

◆ ☑ 合并相切面 选项：用于合并相切的放样面。

（2）选择截面轮廓。依次选取图 5.7.1 所示的截面 1、截面 2 和截面 3。

（3）选择轨迹线。在"放样"对话框中单击 轨道 下的 单击以添加 ，然后在绘图区域中
选取图 5.7.1 所示的轨道线。

（4）单击"放样"对话框中的 确定 按钮，完成特征的创建。

5.7.2　创建放样切削特征的一般过程

创建图 5.7.4 所示的放样切削特征的一般过程如下。

步骤 01 打开文件 D:\invsc14\work\ch05.07.02\blend-02.ipt。

a）放样前　　　　　　　　　　　　b）放样后

图 5.7.4　放样切削特征

步骤 02 选取命令。在 创建 ▼ 区域中单击 放样 按钮，系统弹出"放样"对话框。

步骤 03 选择截面轮廓。依次选择图 5.7.4 所示的截面 1 与截面 2 作为放样切削特征的截
面轮廓。

步骤 04 在"放样"对话框中单击"求差"类型 ，单击"放样"命令条中的 确定
按钮，完成特征的创建。

5.8　凸雕特征

"凸雕特征"命令是通过投射于平面或者曲面上的闭合曲线、草图或者文本，构造与
零件表面垂直的拉伸体。主要用于生成突出文字、雕刻字符、商标或者标志等。

下面以图 5.8.1 所示的模型为例说明创建这类特征的一般过程。

a）凸雕前　　　　　　　　　　　　b）凸雕后

图 5.8.1　凸雕特征

步骤 **01** 打开文件 D:\invsc14\work\ch05.08\text.ipt。

步骤 **02** 创建图 5.8.1 所示的凸雕拉伸。

（1）选择命令。单击 三维模型 功能区域选项卡 创建 ▼ 区域中的 凸雕 按钮。

（2）定义截面轮廓。选取图 5.8.1a 所示的草图 1。

（3）定义方向和高度，调整方向至图 5.8.2 所示。在 深度 下拉列表中输入数值 1。

（4）单击"凸雕"对话框中的 确定 按钮，完成凸雕特征的创建，结果如图 5.8.1b 所示。

图 5.8.2 定义方向

5.9 特征变换的几种方式

特征的复制（Copy）命令用于创建一个或多个特征的副本，Inventor 的特征复制包括一般复制和镜像复制，下面分别介绍其操作过程。

5.9.1 特征的镜像复制

特征的镜像复制就是将源特征相对一个平面（这个平面称为镜像中心平面）进行镜像，从而得到源特征的一个副本。如图 5.9.1 所示，对拉伸特征 3 进行镜像复制的操作过程如下。

a）镜像前　　　　　　　　　　　　　　　b）镜像后

图 5.9.1 镜像特征

步骤 **01** 打开文件 D:\invsc14\work\ch05.09.01\mirror.ipt。

步骤 **02** 选择命令。在 阵列 区域中单击"镜像"按钮 ▷◁，系统将弹出图 5.9.2 所示的"镜像"对话框。

图 5.9.2 "镜像"对话框

步骤 03 选取要镜像的特征。在图形区中选取要镜像复制的拉伸特征（或在浏览器中选择"拉伸 3"特征）。

步骤 04 定义镜像中心平面。单击"镜像"对话框中的 镜像平面 按钮，然后选取 YZ 平面作为镜像中心平面。

步骤 05 单击"镜像"对话框中的 确定 按钮，完成镜像操作。

图 5.9.2 所示的"镜像"对话框的说明如下。

◆ 选项：用于镜像复制草图特征。

◆ 选项：用于镜像不能单独镜像的特征的实体。

◆ 特征 选项：用于定义要复制的特征。

◆ 镜像平面 选项：用于定义镜像中心平面。

◆ 创建方法 区域：各单选项的功能说明如下。

● 优化 选项：用于通过镜像特征面来创建与选定的特征完全相同的副本。

● 完全相同 选项：用于通过复制原始特征的结果来创建与选定的特征完全相同的副本，当优化方法不能使用时，可以使用此方法。

● 调整 选项：同于通过镜像特征并分别计算每个镜像引用的范围或终止方式，来创建选定不同特征的副本。

5.9.2 特征的一般复制

特征的一般复制是使用"复制"和"粘贴"命令，以不同的草绘平面和尺寸来创建特征的副本。

步骤 01 打开文件 D:\invsc14\work\ch05.09.02\copy.ipt。

（步骤 **02**）选择要复制的特征。在浏览器中选取要复制的拉伸 2 特征。

（步骤 **03**）选择复制命令。在选中的拉伸 2 特征上右击，选择 命令。

（步骤 **04**）选择粘贴命令。在浏览器中的空白区域右击，选择 粘贴 命令，系统弹出图 5.9.3 所示的"粘贴特征"对话框。

图 5.9.3　"粘贴特征"对话框

（步骤 **05**）放置复制的特征。将鼠标指针移动至图 5.9.4 所示的面上，单击鼠标左键确定。

（步骤 **06**）单击 完成 按钮，完成一般复制特征的创建，结果如图 5.9.5 所示。

选取该平面

图 5.9.4　放置位置　　　　　　图 5.9.5　特征的一般复制

说明　　　特征复制完成后读者可通过编辑复制后特征的草图来重新定义特征在平面上的位置。

5.9.3　矩形阵列

下面介绍图 5.9.6 中拉伸特征的矩形阵列的操作过程。

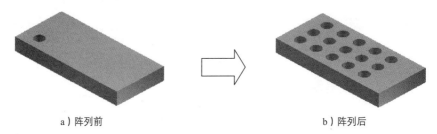

a）阵列前　　　　　　　　　　　　　　　　　b）阵列后

图 5.9.6　创建矩形阵列

步骤 01 打开文件 D:\invsc14\work\ch05.09.03\rectangular.ipt。

步骤 02 选择命令。在 阵列 区域中单击 ⊞ 按钮，系统弹出图 5.9.7 所示的"矩形阵列"对话框。

步骤 03 选择要阵列的特征。在图形区中选取拉伸 3 特征。

图 5.9.7 所示的"矩形阵列"对话框的说明如下。

◆ ⬚ 选项：用于阵列复制各个特征。

◆ ⬚ 选项：用于阵列包含不能单独阵列的特征的实体。

◆ ⬚ 特征选项：用于定义要阵列的特征。

◆ 方向1 区域：用于设置阵列方向 1 的相关参数。

◆ ⬚ 选项：用于设定阵列方向 1 的方向。

◆ ⬚ 选项：用于反转引用的方向。

◆ ⬚ 3 ▶ 选项：用于设定方向 1 中阵列实例的数量。

◆ ⬚ 40 ▶ 选项：用于设定阵列实例之间的间距。

◆ 方向2 区域：用于设置阵列方向 2 的相关参数。

◆ ⬚ 起始位置选项：用于设置两个方向上的第一个引用的起点。阵列可以以任何一个可选择的点为起点。

◆ 计算 区域：用于指定阵列特征的计算方式。

◆ 方向 区域：用于指定阵列特征的定位方式。

◆ ⦿ 完全相同选项：用于阵列中每个引用的定位方式都和选定的第一个特征的定位方式相同。

◆ ⦿ 方向1 与 ⦿ 方向2 选项：用于指定控制阵列特征的位置的方向。

步骤 04 定义阵列参数。

（1）定义方向 1 参考边线。在"矩形阵列"对话框中单击 方向1 区域中的 ⬚ 按钮，然后选取图 5.9.8 所示的边线 1 为方向 1 的参考边线，阵列方向可参考图 5.9.8 所示。

（2）定义方向 1 参数。在 方向1 区域的 ⬚ 文本框中输入数值 5，在 ◇ 文本框中输入数值 12。

（3）定义方向 2 参考边线。在"矩形阵列"对话框中单击 方向2 区域中的 ⬚ 按钮，然后选取图 5.9.8 所示的边线 2 为方向 2 的参考边线，阵列方向可参考图 5.9.8 所示。

（4）定义方向 2 参数。在 方向2 区域的 ⬚ 文本框中输入数值 3，在 ◇ 文本框中输入数值 10。

步骤 05 单击 确定 按钮，完成矩形阵列的创建。

图 5.9.7 "矩形阵列"对话框

图 5.9.8 定义阵列参数

5.9.4 环形阵列

特征的环形阵列就是将源特征以圆周排列方式进行复制，使源特征产生多个副本。如图 5.9.9 所示，对加强筋特征进行环形阵列的操作过程如下。

步骤 01 打开文件 D:\invsc14\work\ch05.09.04\circle-array.ipt。

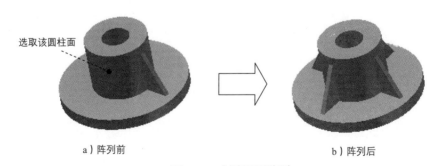

a）阵列前   b）阵列后

图 5.9.9 创建环形阵列

步骤 02 选择命令。在 阵列 区域中单击 🕀 按钮，系统弹出图 5.9.10 所示的"环形阵列"对话框。

图 5.9.10 "环形阵列"对话框

步骤 03 选择要阵列的特征。在图形区中选取加强筋特征（或在浏览器中选择"加强筋1"特征）。

步骤 04 定义阵列参数。

（1）定义阵列轴。在"环形阵列"对话框中单击 🔳 按钮，然后在绘图区域中选取图 5.9.9 所示的圆柱面为环形阵列轴的参考。

（2）定义阵列实例数。在 放置 区域的 ⣿ 按钮后的文本框中输入数值 4。

（3）定义阵列角度。在 放置 区域的 ◇ 按钮后的文本框中输入数值 360.0。

步骤 05 单击 确定 按钮，完成环形阵列的创建。

图 5.9.10 所示的"环形阵列"对话框的说明如下。

◆ 放置 区域：用于定义阵列中引用的数量、引用之间的角度间距和重复的方向。

◆ ⣿ 选项：用于设定阵列的个数。

◆ ◇ 选项：用于定义阵列的角度。

5.9.5 删除阵列

下面以图 5.9.11 所示的图形为例，说明删除阵列的一般过程。

步骤 01 打开文件 D:\invsc14\work\ch05.09.05\delete-pattern.ipt。

步骤 02 选择命令。在浏览器中选择 ⊹ 🔲环形阵列1，然后右击，从弹出的快捷菜单中选择 删除(D) 命令。

a）删除阵列前　　　　　　　　　　　　b）删除阵列后

图 5.9.11 删除阵列

5.10　对特征进行编辑

5.10.1　编辑特征的操作

特征的编辑是指修改特征尺寸，编辑草图轮廓，改变特征的深度变化方式，隐藏以及删除特征。在学习本节前，请打开模型文件 D:\invsc14\work\ch05.10.01\base.ipt。

1. 编辑特征尺寸

特征尺寸的编辑是指对特征的尺寸和相关修饰元素进行修改，以下将举例说明其操作方法。

（一）显示特征尺寸值

步骤 02　在图 5.10.1 所示模型（base）的浏览器中，右击"拉伸 2"特征，在弹出的快捷菜单中选择 显示尺寸(M) 命令（图 5.10.2），此时该特征的所有尺寸都显示出来，如图 5.10.3 所示，以便进行编辑。

图 5.10.1　浏览器　　　　　　　　　　　图 5.10.2　快捷菜单

（二）修改特征尺寸值

通过上述方法进入尺寸的编辑状态后，如果要修改特征的某个尺寸值，方法如下。

步骤 01　在模型中双击要修改的某个尺寸，例如修改图 5.10.3 中的尺寸"30"，系统弹出图 5.10.4 所示的"编辑尺寸"对话框。

步骤 **02** 在"修改"对话框的文本框中输入新的尺寸（如"20"），并单击对话框中的 按钮。

步骤 **03** 编辑特征的尺寸后，选择 管理 选项卡 更新 区域中的"更新"按钮 ，这样修改后的尺寸才会重新驱动模型，结果如图 5.10.5 所示。

图 5.10.3 显示尺寸

图 5.10.4 "编辑尺寸"对话框

图 5.10.5 更新结果

2. 编辑特征属性

当特征创建完毕后，如果需要重新定义特征的属性或特征的深度选项，就必须对特征进行"编辑定义"，也叫"编辑特征"。下面以底座（base）模型为例，说明其操作方法。

在图 5.10.1 所示的底座（base）浏览器中，右击实体拉伸特征（特征名为"拉伸 1"），在弹出的快捷菜单中选择 编辑特征 命令（图 5.10.2），此时系统弹出图 5.10.6 所示的"拉伸"对话框，即可重新定义该特征的属性。

图 5.10.6 "拉伸"对话框

5.10.2 三维夹点的编辑

三维夹点编辑特征的一般操作步骤如下。

步骤 **01** 选择命令。在浏览器中右击"拉伸 2"特征，然后在图 5.10.2 所示的快捷菜单中，选择 三维夹点 命令。

步骤 **02** 编辑尺寸。选取此命令后，绘图区域会将该特征的尺寸显示出来，如图 5.10.7

所示，此时我们可以通过双击要修改的尺寸，系统会弹出图 5.10.8 所示的"编辑尺寸"对话框，然后输入尺寸值，单击 确定 按钮。

图 5.10.7 显示尺寸

图 5.10.8 "编辑尺寸"对话框

 步骤 03 在绘图区域空白处右击，选择 ✓ 完毕 命令，完成编辑特征的操作。

◆ 此方法在修改尺寸后，特征也会随尺寸改变而变化，无须再进行更新。

◆ 除 步骤 02 中修改尺寸的方法外，还有另外一种修改尺寸值的方法。将鼠标移动至草图的边线上，此时会出现一个与此线段垂直的箭头，我们可以通过拖动此箭头来更改整体尺寸的大小。

5.10.3 编辑特征的显示与隐藏

在底座零件模型（base）的浏览器中，右击某些基准特征名（如 XY 平面），从弹出的图 5.10.9 所示的快捷菜单中选择 可见性(V) 命令，即可"显示"该基准特征，也就是在零件模型上能看见此特征。

如果想要隐藏基准特征，可在浏览器中右击隐藏特征名，再在弹出的快捷菜单中选择 ✓ 可见性(V) 命令，如图 5.10.10 所示，即可"隐藏"该基准特征，也就是在零件模型上看不见此特征。

图 5.10.9 "显示"命令

图 5.10.10 "隐藏"命令

5.10.4 特征的抑制

在底座零件模型（base）的浏览器中，右击某些零件特征（如拉伸 3），在弹出的图 5.10.11 所示的快捷菜单中选择 抑制特征 命令，即可"抑制"该零件特征，在零件模型上即看不见此特征。浏览器中的符号也会更改，以反映抑制了该特征，如图 5.10.12 所示。

如果想要取消被抑制的特征，可在浏览器中右击被抑制的特征，再在弹出的快捷菜单中选择 解除特征抑制 命令，如图 5.10.13 所示。

图 5.10.11 "抑制"命令　　　　　　　图 5.10.13 "取消抑制"命令

a）抑制前　　　　　　　　　　b）抑制后

图 5.10.12 浏览器

5.10.5　删除特征

删除特征的一般操作步骤如下。

（1）选择命令。在浏览器中右击图 5.10.12 所示的 ⟦拉伸3⟧，然后在图 5.10.2 所示的快捷菜单中，选择 删除(D) 命令，系统弹出图 5.10.14 所示的"删除特征"对话框。

图 5.10.14　"删除特征"对话框

（2）定义是否删除已使用的草图和特征。在"删除特征"对话框中选中 ☑ 已使用的草图和特征。对话框。

　　　　　已使用的草图和特征即所选特征的子代特征，如本例中所选特征的已使用的草图和特征即为"草图 3（草图）"，若取消选中 ☐ 已使用的草图和特征。复选框，则系统执行删除命令时，只删除特征，而不删除草图。

（3）单击对话框中的 确定 按钮，完成特征的删除。

　　　　　如果要删除的特征是零部件的基础特征（如模型 base 中的拉伸特征"拉伸1"），也选中 ☑ 已使用的草图和特征。复选框和 ☑ 相关的草图和特征。复选框。所有特征将均被删除。

5.10.6　编辑特征的名称

在浏览器中，可以修改各特征的名称，以便于识别特征。

操作说明如下：

在浏览器中右击图 5.10.15 所示的 ⟦拉伸3⟧，在弹出的快捷菜单中选择 特性(P) 命令，系统弹出"特征特性"对话框，然后在"名称"文本框中输入"拉伸 3（切削）"，并按回车键确认。

a）修改名称前　　　　　　　　　　　　b）修改名称后

图 5.10.15　修改特征的名称

5.10.7　编辑特征尺寸

在图 5.10.1 所示的底座(base)的浏览器中，右击"实体拉伸特征"(特征名为"拉伸 1"），在弹出的快捷菜单中选择 **编辑草图** 命令（图 5.10.2)，系统再次进入草绘环境，可以在草绘环境中修改特征草绘截面的尺寸、约束关系和形状等；修改完成后，单击"完成草图"按钮 。

5.11　特征的重新排序及插入操作

5.11.1　概述

零件中特征的创建顺序非常重要，如果各特征的顺序安排不当，某些特征会生成失败，有时即使能生成特征，但结果也不会符合设计要求，可按下面的操作方法进行验证。

步骤 01　打开文件 D:\invsc14\work\ch05.11.01\feature.ipt。

步骤 02　在浏览器中将剖视图打开，会看到模型的上部会出现厚度不均的实体区域，如图 5.11.1 所示，显然这不符合设计意图。之所以会产生这样的问题，是因为拔模特征和抽壳特征的顺序安排不当，解决办法是将拔模特征调整到抽壳特征的前面，这种特征顺序的调整就是特征的重新排序。

图 5.11.1　注意抽壳特征的顺序

5.11.2 重新排序的操作方法

这里以文件 feature-readjust.ipt 为例，说明特征重新排序（Reorder）的操作方法。

步骤 01 打开文件 D:\invsc14\work\ch05.11.02\feature-readjust.ipt。

步骤 02 如图 5.11.2 所示，在零件的设计树中选取 抽壳1 特征，按住左键不放并拖动鼠标，拖至 面拔模1 特征的下面，然后松开左键，这样拔模特征就调整到抽壳特征的前面了。

a）重新排序前   a）重新排序后

图 5.11.2 特征的重新排序

特征的重新排序（Reorder）是有条件的，条件是不能将一个子特征拖至父特征的前面。如果要调整有父子关系的特征的顺序，必须先解除特征间的父子关系。解除父子关系有两种办法：一是改变特征截面的标注参照基准或约束方式；二是改变特征的重定次序（Reorder），即改变特征的草绘平面和草绘平面的参照平面。

5.11.3 特征的插入操作

在上一节的练习中，当所有的特征完成以后，假如还要创建一个图 5.11.3b 所示的拉伸特征，并要求该特征创建在 面拔模1 特征的后面，利用"特征的插入"功能可以满足这一要求。下面说明其一般过程。

a）插入前   b）插入后

图 5.11.3 插入拉伸特征

步骤 01 打开文件 D:\invsc14\work\ch05.11.03\feature-insert.ipt。

步骤 02 定义创建特征的位置。在设计树中选取 ✖ 造型终止 选项，将其拖动到 🔺 面拔模1 特征之后。

步骤 03 定义创建的特征。

（1）选择命令。在 创建 ▼ 区域中单击 📄 按钮。

（2）创建截面草图。选取图 5.11.4 所示的平面作为草绘基准面，绘制图 5.11.5 所示的横断面草图。

图 5.11.4 草绘基准面　　　　　　图 5.11.5 绘制横断面草图

（3）完成草图绘制后，单击"三维建模"选项卡中的"完成草图"按钮 ✓，退出草绘环境。

（4）选择拉伸类型。在 创建 ▼ 区域中单击 📄 按钮，在"拉伸"对话框中单击 🖳 按钮，然后在 范围 下拉列表中选择 距离 选项，在其下的文本框中输入数值 4，将拉伸方向设置为方向 2 的拉伸类型 🔀。

（5）单击对话框中的 确定 按钮，完成特征的创建。

步骤 04 完成特征的创建后，将 ✖ 造型终止 拖动到 📦 抽壳1 特征之后。

5.12 特征的多级撤销/重做功能

多级撤销/重做（Undo/Redo）功能，意味着在所有对特征、组件和制图的操作中，如果错误地删除、重定义或修改了某些内容，只需一个简单的"撤销"操作就能恢复原状。下面以一个例子进行说明。

步骤 01 打开文件 D:\invsc14\work\ch05.12\cancel-undo.ipt。

步骤 02 创建图 5.12.1 所示的拉伸切削特征。

步骤 03 删除上步创建的拉伸切削特征，然后单击快速访问工具栏中的 ↶（撤销）按钮，则刚刚被删除的拉伸切削特征又恢复回来；如果再单击快速访问工具栏中的 ↷（重做）按钮，恢复的拉伸切削特征又被删除了。

图 5.12.1 拉伸切削特征

5.13　特征生成失败及其解决方法

在特征创建或重定义时，由于给定的数据不当或参考的丢失，会出现特征生成失败。下面就特征失败的情况进行讲解。

5.13.1　特征生成失败的出现

这里以一个简单模型为例进行说明。如果进行下列"编辑定义"操作（图 5.13.1），将会出现特征生成失败。

a）编辑前　　　　　　　　　　　　　　　　b）编辑后

图 5.13.1　编辑特征

步骤 01　打开文件 D:\invsc14\work\ch05.13.01\feature-fail.ipt。

步骤 02　在图 5.13.2 所示的浏览器中，右击 **拉伸1**，在系统弹出的快捷菜单中选择 **编辑草图** 命令，此时进入草图绘制环境。

步骤 03　修改截面草图。将截面草图尺寸约束改为图 5.13.3 所示，单击 ✔ 按钮，完成截面草图的修改。

图 5.13.2　浏览器

a）修改前　　　　　　　　　　　b）修改后

图 5.13.3　修改截面草图

说明　　在修改图 5.13.3a 所示的草图时应先删除直线 1 和直线 2，再添加直线，最后添加尺寸约束。

步骤 04　退出草图工作台后，系统弹出图 5.13.4 所示的"Autodesk Inventor Professional -

退出草图模式"对话框，提示拉伸 2 特征有问题，这是因为拉伸 1 的草图更改后，新的形状使得拉伸 2 的草图中尺寸的参考边线丢失，造成拉伸 2 的草图尺寸找不到参考，草图无法生成，导特征生成失败。

图 5.13.4　出错警告对话框

5.13.2　特征生成失败的解决方法

1. 解决方法一：删除特征

步骤 01　在系统弹出的"Autodesk Inventor Professional -退出草图模式"对话框中单击 接受 按钮。

步骤 02　右击浏览器中的 ⊞─①┏┃拉伸2 ，在系统弹出的快捷菜单中选择 删除(D) 命令。

2. 解决方法二：重定义特征

步骤 01　在系统弹出的"Autodesk Inventor Professional -退出草图模式"对话框中单击"设计医生"按钮 ✚，系统弹出图 5.13.5 所示的"Autodesk Inventor Professional 2014"对话框。

图 5.13.5　"Autodesk Inventor Professional 2014"对话框

步骤 02　单击"Autodesk Inventor Professional 2014"对话框中的 是(Y) 按钮，系统弹出图 5.13.6 所示的"设计医生"对话框（一）。

图 5.13.6　"设计医生"对话框（一）

步骤 03　单击 下一步(N) > 按钮，系统弹出图 5.13.7 所示的"设计医生"对话框（二）。

图 5.13.7 "设计医生"对话框（二）

步骤 04 单击 下一步(N) > 按钮，系统弹出图 5.13.8 所示的"设计医生"对话框（三）。

图 5.13.8 "设计医生"对话框（三）

步骤 05 在"设计医生"对话框（三）中单击 完成 按钮，进入草图编辑环境，修改图 5.13.9a 所示的草图如图 5.13.9b 所示。

步骤 06 单击 "完成草图"按钮 ✓，退出草绘环境，完成特征的重定义。

a）修改前　　　　　　　　　　　　　　b）修改后

图 5.13.9 修改横断面草图

5.14 模型的测量

5.14.1 测量距离

下面以一个简单模型为例，说明测量距离的一般操作步骤。

步骤 01 打开文件 D:\invsc14\work\ch05.14.01\measure-distance.ipt。

步骤 **02** 选择命令。在 检验 选项卡 测量 ▼ 区域中单击"距离"按钮 ▭，系统弹出
"测量距离"对话框。

步骤 **03** 测量面到面的距离。选取图 5.14.1 所示的模型表面，在图 5.14.2 所示的"测量
距离"对话框中会显示测量的结果。

图 5.14.1 选取要测量的面　　　　　　　图 5.14.2 "测量距离"对话框

步骤 **04** 测量点到面的距离，如图 5.14.3 所示。

步骤 **05** 测量点到线的距离，如图 5.14.4 所示。

图 5.14.3 选取点和面　　　　　　　　图 5.14.4 选取点和线

步骤 **06** 测量点到点的距离，如图 5.14.5 所示。

步骤 **07** 测量线到线的距离，如图 5.14.6 所示。

图 5.14.5 选取两点　　　　　　　　图 5.14.6 选取两线

步骤 **08** 测量点到曲线的距离，如图 5.14.7 所示。

步骤 **09** 测量线到面的距离，如图 5.14.8 所示。

图 5.14.7　选取点和曲线

图 5.14.8　选取线和面

　　如果要求显示同一个尺寸的两个不同形式，如毫米与英寸，则用户需在"测量距离"对话框中单击 ▶ 按钮，系统弹出图 5.14.9 所示的快捷菜单 1，然后在此下拉菜单中选择单击 双重单位 ▶ 选项，在弹出的图 5.14.10 所示的快捷菜单 2 中选择 英寸 选项。

图 5.14.9　快捷菜单 1

图 5.14.10　快捷菜单 2

5.14.2　测量角度

下面以一个简单模型为例，说明测量角度的一般操作步骤。

步骤 01 打开文件 D:\invsc14\work\ch05.14.02\measure-angle.ipt。

步骤 02 选择命令。在 检验 选项卡 测量 ▼ 区域中单击 角度 按钮，系统弹出"测量角度"对话框（一）。

步骤 03 测量面与面间的角度。选取图 5.14.11 所示的模型表面 1 和模型表面 2 为要测量的两个面；完成选取后，在图 5.14.12 所示的"测量角度"对话框（一）中可看到测量的结果。

图 5.14.11　测量面与面间的角度

图 5.14.12　"测量角度"对话框（一）

步骤 **04**　测量线与面间的角度，如图 5.14.13 所示。操作方法参见 步骤 **03**，结果如图 5.14.14 所示。

图 5.14.13　测量线与面间的角度　　　　图 5.14.14　"测量角度"对话框（二）

步骤 **05**　测量线与线间的角度，如图 5.14.15 所示。操作方法参见 步骤 **03**，结果如图 5.14.16 所示。

图 5.14.15　测量线与线间的角度　　　　图 5.14.16　"测量角度"对话框（三）

5.14.3　测量面积及周长

1. 测量面积

下面以图 5.14.17 为例，说明测量面积的一般操作步骤。

步骤 **01**　打开文件 D:\invsc14\work\ch05.14.03\measure. ipt。

步骤 **02**　选择命令。在 检验 选项卡 测量 ▼ 区域中单击 面积 按钮，系统弹出"测量面积"对话框。

步骤 **03**　定义要测量的面。选取图 5.14.17 所示的模型表面为要测量的面。

步骤 **04**　查看测量结果。完成上步操作后，在图 5.14.18 所示的"测量面积"对话框中会显示测量的结果。

图 5.14.17　选取指示测量的模型表面　　　　图 5.14.18　"测量面积"对话框

2. 测量周长

下面以图 5.14.19 为例，说明测量周长的一般操作步骤。

步骤 01 打开文件 D:\invsc14\work\ch05.14.03\measure. ipt。

步骤 02 选择命令。在 检验 选项卡 测量 ▼ 区域中单击 周长 按钮，系统弹出"测量周长"对话框。

步骤 03 定义要测量的面。选取图 5.14.19 所示的模型表面为要测量的对象。

步骤 04 查看测量结果。完成上步操作后，在图 5.14.20 所示的"测量周长"对话框中会显示测量的结果。

图 5.14.19　选取指示测量的模型表面

图 5.14.20　"测量周长"对话框

5.14.4　测量曲线长度

下面以图 5.14.21 为例，说明测量曲线长度的一般操作步骤。

步骤 01 打开文件 D:\invsc14\work\ch05.14.04\measure-length. ipt。

步骤 02 选择命令。在 检验 选项卡 测量 ▼ 区域中单击"距离"按钮，系统弹出"测量距离"对话框。

步骤 03 定义要测量的曲线。选取图 5.14.21 所示的曲线为要测量的对象。

步骤 04 查看测量结果。完成上步操作后，在图 5.14.22 所示的"长度"对话框中会显示测量的结果。

图 5.14.21　选取指示测量的曲线

图 5.14.22　"长度"对话框

5.14.5　模型的质量属性分析

通过质量属性的分析，可以获得模型的体积、总的表面积、质量、密度和惯性特性等数据，对产品设计有很大参考价值。下面以一个简单模型为例，说明质量属性分析的一般操作步骤。

步骤01 打开文件 D:\invsc14\work\ch05.14.05\measure-mass-property. ipt。

步骤02 选择命令。选择 ![] ➡ [] iProperty 命令，系统弹出 "measure.ipt iProperty" 对话框。

步骤03 在 "measure.ipt iProperty" 对话框中单击 物理特性 按钮，如图 5.14.23 所示。

步骤04 在 "measure.ipt iProperty" 对话框中单击 更新(U) 按钮，其列表框中将会显示模型的质量属性，如图 5.14.23 所示。

图 5.14.23　"mass.ipt Property" 对话框

图 5.14.23 所示"measure.ipt iProperty"对话框的说明如下。

- ◆ 更新(U) 按钮：用于计算质量、曲面面积和体积。

- ◆ 剪贴板(C) 按钮：用于以多信息文本格式将物理特性报告移动到操作系统剪贴板中。

- ◆ 材料(M) 下拉列表：用于选择所选零部件的材料。

- ◆ 密度(D) ：用于显示所选材料的密度。

- ◆ 要求的精度(Y) 下拉列表：同于设置物理特性计算的精度。

- ◆ 常规特性 区域：用于计算所选零件或部件的质量、曲面面积和体积。

- ◆ 惯性特性 区域：用于显示相对于激活编辑目标的坐标系报告的选定零部件的质量特性。

5.15 零件设计综合应用

5.15.1 零件设计综合应用一

案例概述

该案例设计了一个简单的圆形盖，主要运用了旋转、抽壳、拉伸和倒圆角等特征命令，需先创建基础旋转特征，再添加其他修饰，重在零件的结构安排。零件模型及浏览器如图 5.15.1 所示。

图 5.15.1 零件模型及浏览器

步骤 01 新建零件模型，进入建模环境。

步骤 02 创建图 5.15.2 所示的旋转特征 1。在 创建 ▼ 区域中单击 按钮，系统弹出"创建旋转"对话框；单击"创建旋转"对话框中的 创建二维草图 按钮，选取 YZ 平面为草图平面，进入草绘环境，绘制图 5.15.3 所示的截面草图；单击 草图 选项卡 返回到三维 区域中的 按钮，在 范围 区域的下拉列表中选中 全部 选项；单击"旋转"对话框中的 确定 按钮，完成旋转特征 1 的创建。

图 5.15.2　旋转 1

图 5.15.3　截面草图

步骤 **03** 创建图 5.15.4 所示的拉伸特征 1。在 创建 ▼ 区域中单击 按钮，系统弹出"创建拉伸"对话框；单击"创建拉伸"对话框中的 创建二维草图 按钮，选取 XZ 平面为草图平面，进入草绘环境。绘制图 5.15.5 所示的截面草图；单击 草图 选项卡 返回到三维 区域中的 按钮，在"拉伸"对话框 范围 区域中的下拉列表中选择 距离 选项，在"距离"下拉列表中输入 170，并将拉伸方向设置为"对称"类型 ；单击"拉伸"对话框中的 确定 按钮，完成拉伸特征 1 的创建。

图 5.15.4　拉伸 1

图 5.15.5　截面草图

步骤 **04** 创建图 5.15.6 所示的拉伸特征 2。在 创建 ▼ 区域中单击 按钮，系统弹出"创建拉伸"对话框；单击"创建拉伸"对话框中的 创建二维草图 按钮，选取 YZ 平面作为草图平面，进入草绘环境。绘制图 5.15.7 所示的截面草图；单击 草图 选项卡 返回到三维 区域中的 按钮，在"拉伸"对话框 范围 区域中的下拉列表中选择 距离 选项，在"距离"下拉列表中输入 170，并将拉伸方向设置为"对称"类型 ；单击"拉伸"对话框中的 确定 按钮，完成拉伸特征 2 的创建。

图 5.15.6　拉伸 2

图 5.15.7　截面草图

步骤 **05** 创建图 5.15.8 所示的倒圆角特征 1。在 修改 ▼ 区域中单击 按钮；在系统的提示下，选取图 5.15.8a 所示的模型边线为倒圆角的对象；在"倒圆角"小工具栏"半径 R"文本框中输入 6；单击"圆角"对话框中的 确定 按钮完成圆角特征的定义。

图 5.15.8　倒圆角 1

（步骤 **06**）创建图 5.15.9b 所示的倒圆角特征 2。选取图 5.15.9a 所示的边线为倒圆角的边线；输入倒圆角半径值为 15.0。

图 5.15.9　倒圆角 2

（步骤 **07**）创建图 5.15.10 所示的工作平面 1。选择命令，在 定位特征 区域中单击"平面"按钮 下的 平面，选择 从平面偏移 命令；在绘图区域选取 YZ 平面为参考平面；在"基准面"小工具栏的下拉列表中输入要偏距的距离为 15。偏移方向为 X 轴正方向；单击 按钮，完成工作平面 1 的创建。

（步骤 **08**）创建图 5.15.11 所示的旋转特征 2。在 创建 ▼ 区域中单击 按钮，系统弹出"创建旋转"对话框；单击"创建旋转"对话框中的 创建二维草图 按钮，选取工作平面 1 为草图平面，进入草绘环境，绘制图 5.15.12 所示的截面草图；单击 草图 选项卡 返回到三维 区域中的 按钮，在 范围 区域的下拉列表中选中 全部 选项；单击"旋转"对话框中的 确定 按钮，完成旋转特征 2 的创建。

图 5.15.10　工作平面 1　　图 5.15.11　旋转 2　　图 5.15.12　截面草图

（步骤 **09**）创建图 5.15.13 所示的拉伸特征 3。在 创建 ▼ 区域中单击 按钮，系统弹出"创建拉伸"对话框；单击"创建拉伸"对话框中的 创建二维草图 按钮，选取 XZ 平面为草图平面，进入草绘环境。绘制图 5.15.14 所示的截面草图；单击 草图 选项卡 返回到三维 区域中的 按钮，然后将布尔运算设置为"求差"类型 ，在"拉伸"对话框 范围 区域中的下拉列表中选择 贯通 选项，并将拉伸方向设置为"对称"类型 ；单击"拉伸"对话框中的 确定 按钮，完成拉伸特征 3 的创建。

图 5.15.13　拉伸 3

图 5.15.14　截面草图

步骤 **10** 创建图 5.15.15b 所示的抽壳特征 1。在 修改 ▼ 区域中单击 抽壳 按钮；在"抽壳"对话框 厚度 文本框中输入薄壁厚度值为 3；在系统 选择要去除的表面 的提示下，选择图 5.15.15a 所示的模型表面为要移除的面；单击"抽壳"对话框中的 确定 按钮，完成抽壳特征的创建。

要移除的面

a）抽壳前　　　　　　　　b）抽壳后

图 5.15.15　抽壳 1

步骤 **11** 创建图 5.15.16 所示的倒圆角特征 3。在 修改 ▼ 区域中单击 按钮；在系统的提示下，选取图 5.15.16a 所示的模型边线为倒圆角的对象；在"倒圆角"小工具栏"半径 R"文本框中输入 1；单击"圆角"对话框中的 确定 按钮完成圆角特征的定义。

这两条边链为倒圆角的对象

a）倒圆角前　　　　　　　　b）倒圆角后

图 5.15.16　倒圆角 3

步骤 **12** 创建图 5.15.17b 所示的倒圆角特征 4。选取图 5.15.17a 所示的边线为倒圆角的边线；输入倒圆角半径值为 6.0。

此边线为倒圆角的对象

a）倒圆角前　　　　　　　　b）倒圆角后

图 5.15.17　倒圆角 4

步骤 13 创建图 5.15.18 所示的拉伸特征 4。在 创建 ▾ 区域中单击 按钮，系统弹出"创建拉伸"对话框；单击"创建拉伸"对话框中的 创建二维草图 按钮，选取 XY 平面为草图平面，进入草绘环境。绘制图 5.15.19 所示的截面草图；单击 草图 选项卡 返回到三维 区域中的 按钮，然后将布尔运算设置为"求差"类型 ，在"拉伸"对话框 范围 区域中的下拉列表中选择 贯通 选项，将拉伸方向设置为"方向 2"类型 ；单击"拉伸"对话框中的 确定 按钮，完成拉伸特征 4 的创建。

图 5.15.18　拉伸 4

图 5.15.19　截面草图

步骤 14 创建图 5.15.20 所示的拉伸特征 5。在 创建 ▾ 区域中单击 按钮，系统弹出"创建拉伸"对话框；单击"创建拉伸"对话框中的 创建二维草图 按钮，选取 XY 平面为草图平面，进入草绘环境。绘制图 5.15.21 所示的截面草图；单击 草图 选项卡 返回到三维 区域中的 按钮，然后将布尔运算设置为"求差"类型 ，在"拉伸"对话框 范围 区域中的下拉列表中选择 贯通 选项，将拉伸方向设置为"方向 2"类型 ；单击"拉伸"对话框中的 确定 按钮，完成拉伸特征 5 的创建。

图 5.15.20　拉伸 5

图 5.15.21　截面草图

步骤 15 保存零件模型文件，命名为 INSTANCE_PART_COVER.

5.15.2　零件设计综合应用二

案例概述

本案例主要运用了如下一些特征命令：旋转、放样和阵列等命令，零件模型及模型树如图 5.15.22 所示。

图 5.15.22 零件模型及浏览器

说明： 本例前面的详细操作过程请参见随书光盘中 video\ch05\文件下的语音视频讲解文件。

步骤 01 打开文件 D:\invsc14\work\ch05.15\impeller_ex.ipt。

步骤 02 创建图 5.15.23 所示的草图 1。在 三维模型 选项卡 草图 区域单击 按钮，选取图 5.15.23 所示的模型表面为草图平面，绘制图 5.15.24 所示的草图。

图 5.15.23　草图 1（建模环境）　　　　图 5.15.24　草图 1（草图环境）

步骤 03 创建图 5.15.25 所示的草图 2。在 三维模型 选项卡 草图 区域单击 按钮，选取图 5.15.25 所示的模型表面为草图平面，绘制图 5.15.26 所示的草图。

图 5.15.25　草图 2（建模环境）　　　　图 5.15.26　草图 2（草图环境）

步骤 04 创建图 5.15.27 所示的放样 1。在 创建 ▼ 区域中单击 放样 按钮，依次选取 **步骤 02** 与 **步骤 03** 创建的草图 1 与草图 2，单击"放样"对话框中的 确定 按钮，完成特征的创建。

步骤 05 创建图 5.15.28 所示的环形阵列 1。在 阵列 区域中单击 按钮，选取"放样 1"为要阵列的特征，选取"Y 轴"为环形阵列轴，阵列个数为 15，阵列角度为 360，单击 确定 按钮，完成环形阵列的创建。

图 5.15.27　放样 1

a）阵列前

图 5.15.28　环形阵列 1

b）阵列后

步骤 06 创建图 5.15.29 所示的旋转特征 1。在 创建 ▼ 区域中选择 命令，选取 XY 平面为草图平面，绘制图 5.15.30 所示的截面草图；在"旋转"对话框中将布尔运算设置为 "求差"类型 ，在 范围 区域的下拉列表中选中 全部 选项；单击"旋转"对话框中的 确定 按钮，完成旋转特征 1 的创建。

图 5.15.29　旋转特征 1

图 5.15.30　截面草图

步骤 07 创建图 5.15.31 所示的拉伸特征 3。在 创建 ▼ 区域中单击 按钮，选取图 5.15.31 所示的模型表面为草图平面，绘制图 5.15.32 所示的截面草图，在"拉伸"对话框中将布尔运算设置为"求和"类型 ，然后在 范围 区域中的下拉列表中选择 距离 选项，在 "距离"下拉列表中输入 4.5，将拉伸方向设置为"方向 1"类型 。单击"拉伸"对话框中的 确定 按钮，完成拉伸特征 3 的创建。

图 5.15.31　拉伸特征 3

图 5.15.32　截面草图

步骤 08 创建图 5.15.33 所示的拉伸特征 4。在 创建 ▼ 区域中单击 按钮，选取图 5.15.33 所示的模型表面为草图平面，绘制图 5.15.34 所示的截面草图，在"拉伸"对话框中将布尔运算设置为"求差"类型 ，然后在 范围 区域中的下拉列表中选择 贯通 选项，将拉伸方向设置为"方向 2"类型 。单击"拉伸"对话框中的 确定 按钮，完成拉伸特征 4 的创建。

图 5.15.33 拉伸特征 4   图 5.15.34 截面草图

步骤 09 创建图 5.15.35a 所示的倒角特征 1。选取图 5.15.35b 所示的模型边线为倒角的对象，输入倒角值为 0.5。

a）倒角前   b）倒角后

图 5.15.35 倒角 1

步骤 10 创建图 5.15.36 所示的拉伸特征 5。在 创建 ▼ 区域中单击 按钮，选取图 5.15.36 所示的模型表面为草图平面，绘制图 5.15.37 所示的截面草图，在"拉伸"对话框中将布尔运算设置为"求差"类型 ，然后在 范围 区域中的下拉列表中选择 贯通 选项，将拉伸方向设置为"方向 2"类型 。单击"拉伸"对话框中的 确定 按钮，完成拉伸特征 5 的创建。

图 5.15.36 拉伸特征 5   图 5.15.37 截面草图

步骤 11 创建图 5.15.38 所示的环形阵列 2。在 阵列 区域中单击 按钮，选取"拉伸 5"为要阵列的特征，选取"Y 轴"为环形阵列轴，阵列个数为 6，阵列角度为 360，单击 确定 按钮，完成环形阵列的创建。

步骤 12 后面的详细操作过程请参见随书光盘中 video\ch05\文件下的语音视频讲解文件。

b）阵列后

图 5.15.38　环形阵列 2

5.15.3　零件设计综合应用三

案例概述

本实例介绍一款支撑座的三维模型设计过程。主要讲述实体拉伸、镜像、简单孔、边倒圆等特征命令的应用。希望通过此实例的学习使读者对这些命令有更好的理解。零件模型如图 5.15.39 所示。

　　本案例的详细操作过程请参见随书光盘中 video\ch05\文件下的语音视频讲解文件。模型文件为 D:\invsc14\work\ch05.15\case_cover.ipt。

5.15.4　零件设计综合应用四

案例概述

该案例的创建方法也是一种典型的"搭积木"式方法，但要注意其中创建加强筋特征和孔的方法和技巧。该零件模型如图 5.15.40 所示。

图 5.15.39　支撑座

图 5.15.40　支架

　　本案例的详细操作过程请参见随书光盘中 video\ch05\文件下的语音视频讲解文件。模型文件为 D:\invsc14\work\ch05.15\pole.ipt。

5.15.5 零件设计综合应用五

案例概述

本案例介绍了一个 BP 机外壳的创建过程，此过程综合运用了拉伸、倒圆角、抽壳和扫掠等命令。零件模型如图 5.15.41 所示。

 本案例的详细操作过程请参见随书光盘中 video\ch05\文件下的语音视频讲解文件。模型文件为 D:\invsc14\work\ch05.15\plastic_sheath.ipt。

5.15.6 零件设计综合应用六

案例概述

本案例介绍了箱壳的设计过程。此例是对前面几个实例以及相关命令的总结性练习，模型本身是一个很简单的机械零件，但通过练习本例，读者可以熟练掌握拉伸特征、孔特征、倒圆角特征及扫掠特征的应用。零件模型如图 5.15.42 所示。

 本案例的详细操作过程请参见随书光盘中 video\ch05\文件下的语音视频讲解文件。模型文件为 D:\invsc14\work\ch05.15\tank_shell.ipt。

5.15.7 零件设计综合应用七

案例概述

本案例介绍了一款塑料筐的三维模型设计过程。主要讲述实体拉伸、倒圆角、拔模、放样、扫掠、加强筋、边倒圆等特征命令的应用。希望通过此实例的学习使读者对该命令有更好的理解。零件模型如图 5.15.43 所示。

 本案例的详细操作过程请参见随书光盘中 video\ch05\文件下的语音视频讲解文件。模型文件为 D:\invsc14\work\ch05.15\case. ipt。

图 5.15.41 零件模型

图 5.15.42 箱壳

图 5.15.43 塑料筐

第 6 章　装配设计

6.1　概述

一个产品往往由多个零件组合(装配)而成，装配模块用来建立零件间的相对位置关系，从而形成复杂的装配体。零件间位置关系的确定主要通过添加配合实现。

装配设计一般有两种基本方式：自底向上装配和自顶向下装配。如果首先设计好全部零件，然后将零件作为部件添加到装配体中，则称之为自底向上装配；如果是首先设计好装配体模型，然后在装配体中组建模型，最后生成零件模型，则称之为自顶向下装配。

Inventor 提供了自底向上和自顶向下装配功能，并且两种方法可以混合使用。自底向上装配是一种常用的装配模式，本书主要介绍自底向上装配。

Inventor 的装配模块具有下面一些特点：

◆　提供了方便的部件定位方法，轻松设置部件间的位置关系。系统提供了十几种配合方式，通过对部件添加多个配合，可以准确地把部件装配到位。

相关术语和概念

零件：是组成部件与产品最基本的单元。

部件：可以是一个零件，也可以是多个零件的装配结果。它是组成产品的主要单元。

装配体：也称为产品，是装配设计的最终结果。它是由部件之间的配合关系及部件组成的。

配合：在装配过程中，配合是指部件之间相对的限制条件，可用于确定部件的位置。

6.2　装配约束

通过定义装配约束，可以指定零件相对于装配体中其他部件的位置。装配约束的类型包括重合、平行、垂直和同轴心等。在 Inventor 中，一个零件通过装配约束添加到装配体后，它的位置会随着与其有约束关系的零部件的位置改变而相应地改变，而且约束设置值作为参数可随时修改，并可与其他参数建立关系方程，这样整个装配体实际上是一个参数化的装配体。

关于装配约束，请注意以下几点：

◆　一般来说，建立一个装配约束时，应选取零件参照和部件参照。零件参照和部件参照是零件和装配体中用于约束定位和定向的点、线、面。例如，通过"配合"约束将一根轴放入装配体的一个孔中，轴的中心线就是零件参照，而孔的中心线就是部件参照。

◆ 系统一次只添加一个约束。不能用一个"配合"约束将一个零件上两个不同的孔与装配体中的另一个零件上两个不同的孔对齐，必须定义两个不同的配合约束。

◆ 要在装配体中完整地指定一个零件的放置和定向（完整约束），往往需要定义多个装配约束。

6.2.1 "配合/齐平"约束

"配合"约束可使装配元件中的两个平面、边线或者轴线重合，对于面而言，可以使两个平面平行，或使两个平面重合，如图 6.2.1 所示。也可以使两个平面离开一定的距离， 如图 6.2.1 所示。对于线而言，可以使两条边线重合，也可以使两条轴线重合，如图 6.2.2 所示。

配合面

b）约束后（齐平）

a）约束前

c） 约束后（配合）

图 6.2.1　"配合"约束

选取同轴心面

a）约束前

b）约束后

图 6.2.2　"同轴心" 约束

6.2.2 "角度"约束

"角度" 约束可使两个元件上的线或面建立一个角度，从而限制部件的相对位置关系，如图 6.2.3b 所示。

6.2.3 "相切"约束

"相切"约束使所选元素处于相切状态(至少有一个元素必须为圆柱面、圆锥面或球面)，并且可以改变它们的朝向，如图 6.2.4 所示。

选取角度面

a）约束前

角度值

b）约束后

图 6.2.3 "角度"约束

选取相切面

a）约束前

b）约束后

图 6.2.4 "相切"约束

6.2.4 "插入"约束

"插入"约束通过选择环形边将部件插入到另一个部件中，对于装配螺钉类零件或其他的一些需要插入到孔当中的部件非常有效，如图 6.2.5 所示。

选取这两个环形边

a）约束前

b）约束后

图 6.2.5 "插入"约束

6.3 装配的过程和方法

下面以图 6.3.1 所示的装配模型为例，说明装配体创建的一般过程。

图 6.3.1 装配模型

6.3.1 新建装配文件

选择下拉菜单 ➡ 新建 ➡ 部件 命令，系统自动进入装配环境。

进入装配环境还有两种方法。

◆ 直接单击图 6.3.2 所示的"新建"按钮，系统弹出"新建文件"对话框，选择"Standard.iam"模板，单击 创建 按钮。

◆ 在"快速访问"命令条中单击 后的 ▾，选择 部件 命令。

图 6.3.2 "新建"界面

每次新建一个文件时，Inventor 会显示一个默认名。如果要创建的是部件，默认名的格式是一个序号后跟.iam（如部件 1.iam），以后再新建一个部件，序号自动加 1。

6.3.2　装配第一个零件

（步骤 **01**）在 装配 选项卡 零部件 区域单击 按钮，系统弹出"装入零部件"对话框。

（步骤 **02**）选取添加模型。在 D:\invsc14\work\ch06.03 目录下选取零件模型文件 part-01.ipt，然后单击 打开(O) 按钮。

（步骤 **03**）确定零件位置。在绘图区域中右击选择 在原点处固定放置(G) 命令，按键盘上的 Esc键，将模型放置在装配环境中，如图 6.3.3 所示。

6.3.3　装配其余零件

1. 装配第二个零件

（步骤 **01**）选择命令。在 装配 选项卡 零部件 区域单击 按钮（或在装配浏览器栏中右击选择 装入零部件(P) 命令），系统弹出"装入零部件"对话框。

（步骤 **02**）选取添加模型。在 D:\invsc14\work\ch06.03 目录下选取零件模型文件 part-02.ipt，然后单击 打开(O) 按钮。

（步骤 **03**）放置第二个零件。在图形区合适的位置处单击，即可把零件放置到当前位置，放置完成后按键盘上的 Esc 键，如图 6.3.4 所示。

图 6.3.3　放置第一个零件　　　　　　　图 6.3.4　放置第二个零件

2. 放置第二个零件前的准备

在放置第二个零件时，可能与第一个组件重合，或者其方向和方位不便于进行装配放置。解决这种问题的方法如下。

（步骤 **01**）选择命令。单击"装配"选项卡 位置 区域中的 自由移动 按钮。

（步骤 **02**）将鼠标移动至要移动的零件上（此时零件会以红色加亮显示），然后按住鼠标左键并移动鼠标可以看到 part-02 零件模型随着鼠标移动，将 part-02 零件模型从图 6.3.4 所示的位置移动到图 6.3.5 所示的位置。

说明 　　读者也可以不选择"移动"命令，直接将鼠标移动至零件上，当零件以红色加亮显示时，按住鼠标左键也可以移动零件模型。

步骤 03 选择命令。单击"装配"选项卡 位置 区域中的 🔄 自由旋转 按钮。

步骤 04 将鼠标移动至要旋转的零件上并单击，此时在需要旋转的零件周围会出现图 6.3.6 所示的三维旋转符号，然后按住鼠标左键并移动鼠标，可以看到 part-02 零件模型随着鼠标旋转，将 part-02 零件模型从图 6.3.5 所示的位置旋转到图 6.3.6 所示的位置。

图 6.3.6 所示的三维旋转符号的说明如下。

① 如果想要对零件进行 360° 任意方向的自由旋转，可将鼠标放在三维旋转符号内部，此时鼠标显示 🔄 形状，然后按住左键沿适当的方向拖动即可完成旋转。

② 如果想要对零件绕水平轴进行旋转，可以将鼠标放在三维旋转符号的顶部或者底部控制点，当鼠标显示 🔘 形状时，然后按住鼠标左键竖直拖动鼠标即可完成旋转。

③ 如果想要对零件绕竖直轴进行旋转，可以将鼠标放在三维旋转符号的左侧或者右侧控制点，当鼠标显示 ⟲ 形状时，然后按住鼠标左键水平拖动鼠标即可完成旋转。

④ 如果想要对零件在平面内旋转，可将鼠标放在三维旋转符号外面，当鼠标显示 ↻ 形状时，然后按住鼠标左键拖动即可完成旋转。

三维旋转符号

图 6.3.5　位置 1　　　　　　　　　图 6.3.6　位置 2

3. 完全约束第二个零件

若要使 part-02 零件完全定位，需要向它添加三种约束。单击"装配"选项卡 关系 ▼ 区域中的"约束"按钮 📙（或在"装配"浏览器栏中右击选择 📙 约束(C) 命令），系统弹出图 6.3.7 所示的"放置约束"对话框，以下的所有约束都将在"放置约束"对话框中完成。

步骤 01 定义第一个装配约束。

（1）确定约束类型。在"放置约束"对话框 部件 选项卡中的 类型 区域中选中"配合"约束 。

（2）选取约束面。分别选取图 6.3.8 所示的两个面 1 与面 2 作为要约束的几何图元。

选取这两个面

图 6.3.7 "放置约束"对话框　　　　　图 6.3.8　选取约束对象

（3）在"放置约束"对话框中单击 应用 按钮，完成第一个装配约束。

图 6.3.7 所示的"放置约束"对话框"部件"选项卡中各选项说明如下。

◆ 类型 区域：用于指定约束的类型。

- （配合）：配合约束可将零件面对面放置（法向相反），或者将零件面与面对齐放置（法向相同）。

- （角度）：角度约束是以一个指定角度定义的枢轴点来定义两个零部件上的边或平面之间的关系。

- （相切）：相切约束可以使面、平面、柱面、球面和锥面在切点处接触。

- （插入）：插入约束是平面之间的面对面配合约束和两个零部件的轴之间的配合约束的组合。

◆ 选择 区域：用于选择要约束到一起的两个零部件上的几何图元。

- 1 按钮：用于选择第一个零部件上的曲线、面或点。

- 2 按钮：用于选择第二个零部件上的曲线、面或点。

- 复选框：用于将可选几何图元限制为单一零部件。可在零部件相互靠近或部分相互遮挡时正确选取几何图元。

◆ 求解方法 区域：可选择两种求解方法，各选项功能如下。

- （配合）选项：用于将选定的面重合且法向相反。

- （表面平齐）选项：用于将选定的面重合且法向相同。

◆ >> （更多）区域：用于设定约束名称和装配约束极限的选项。

- 名称 文本框：用于设定约束的名称。
- ☑ 使用偏移量作为基准位置 复选框：用于将偏移值设为具有极限的约束的默认位置。
- ☑ 最大值 复选框：选中此复选框，用于设定约束运动的最大范围。
- ☑ 最小值 复选框：选中此复选框，用于设定约束运动的最小范围。

◆ 偏移量 文本框：用于指定部件相互之间偏移的距离。

◆ ☑ 👓 选项：用于显示所选几何图元上的约束的效果。

◆ ☑ 🎚 复选框：用于设置当"偏移量"文本框为空时，通过测量确定零部件的方向及偏移值，如果清除该复选框，则可以手动设置零部件的方向和偏移量。

步骤 02 定义第二个装配约束。

（1）确定约束类型。在"放置约束"对话框 部件 选项卡中的 类型 区域中选中"配合"约束 🔲 。

（2）选取约束面。分别选取图 6.3.9 所示的两个面作为约束面。

（3）改变方向。在"放置约束"对话框中确认 🔳 被按下。

（4）在"放置约束"对话框中单击 应用 按钮，完成第二个装配约束。

步骤 03 定义第三个装配约束。

（1）确定约束类型。在"放置约束"对话框 部件 选项卡中的 类型 区域中选中"配合"约束 🔲 。

（2）选取约束面。分别选取图 6.3.10 所示的两个面作为约束面。

（3）改变方向。在"放置约束"对话框中确认 🔳 被按下。

（4）在"放置约束"对话框中单击 应用 按钮，完成第三个装配约束。

步骤 04 单击"放置约束"对话框的 取消 按钮，完成装配体的创建。

图 6.3.9　选取约束对象

图 6.3.10　选取约束对象

6.4 零部件的复制

6.4.1 镜像

在装配体中，经常会出现两个部件关于某一平面对称的情况，这时不需要再次为装配体添加相同的部件，只需对原有部件进行镜像装配即可，如图 6.4.1 所示。下面介绍镜像零部件操作的一般步骤。

步骤 01 打开装配文件 D:\invsc14\work\ch06.04.01\mirrow-asm.iam。

a）镜像前　　　　　　　　　　　　　a）镜像后

图 6.4.1　镜像复制

步骤 02 选择命令。单击 装配 选项卡 阵列 ▼ 区域中的 镜像 按钮，系统弹出图 6.4.2 所示的"镜像零部件：状态"对话框。

步骤 03 确定要镜像的零部件。在图形区选取图 6.4.1a 所示的零件 2 为要镜像的零部件（或在浏览器栏中选取）。

步骤 04 定义镜像基准面。在"镜像零部件：状态"对话框中单击"选取镜像平面"按钮 ，然后在浏览器栏中"原始坐标系"节点下选取图 6.4.3 所示的 YZ 基准平面作为镜像平面。

图 6.4.2 所示的"镜像零部件"对话框说明如下。

◆ 零部件 选项：用于选择要镜像的零部件。

◆ 镜像平面：用于选取镜像的工作平面或平面。

◆ 状态 ：用于更改选定的所有零部件的状态。

◆ （镜像）：用于创建零部件并将其保存在一个新文件夹中。

◆ （重用选定的对象）：用于在当前或新部件文件中添加零部件引用。

◆ （排除选项的对象）：用于从镜像操作中排除零部件。

◆ 重用标准件和工厂零件：用于指定对部件执行操作。对于零件，可以指定是旋转、镜像还是忽略该零件。对于子装配，可以指定是旋转还是忽略该零件。

◆ 预览零部件：用于切换每种状态类型的预览显示。

图 6.4.2 "镜像零部件：状态"对话框

选取此基准面

图 6.4.3 选取镜像平面

步骤 05. 单击"镜像零部件：状态"对话框中的 下一步 按钮，系统弹出图 6.4.4 所示的"镜像零部件：文件名"对话框，单击该对话框中的 确定 按钮，完成零件的镜像。

	名称	新名称	文件位置	状态
1	⊟ mirrow-asm.iam	mirrow-asm.iam	源路径	新建文件
2	└ part-02	part-02_MIR1.ipt	源路径	新建文件

命名方案　□ 前缀 ___　□ 增量　　零部件目标　○ 插入到部件中　　　? ＜重新选择

☑ 后缀 ___MIR　应用　还原　　　　　○ 在新窗口中打开　　　确定　取消

图 6.4.4 "镜向零部件：文件名"对话框

图 6.4.4 所示的"镜想零部件：文件名"对话框说明如下。

◆ 名称：用于列出通过镜像（或复制）操作创建的所有零部件，且重复的零件只显示一个。

◆ 新名称：用于列出新文件的名称。

◆ 文件位置：用于指定新文件的保存位置。

◆ 状态：用于表明新文件名是否有效。

◆ 命名方案：用于使用指定的"前缀"或"后缀"重命名"名称"列中的选定零部件。

◆ 零部件目标：用于指定镜像或者复制的零部件的目标。

◆ ⊙ 插入到部件中：用于将所有新零部件作为同级对象放到顶级部件中。

◆ ⊙ 在新窗口中打开：用于在新窗口中打开包含所有镜像的零部件的新部件。

◆　：用于返回"镜像零部件"对话框，从中可以选择零部件。

6.4.2　矩形阵列

矩形阵列可以将一个部件沿指定的方向进行阵列复制，下面以图 6.4.5 为例说明装配体"矩形阵列"的一般操作步骤。

a）阵列前　　　　　　　　　　　　　　　b）阵列后

图 6.4.5　矩形阵列

(步骤 01) 打开装配文件 D:\invsc14\work\ch06.04.02\rectangular-asm.iam。

(步骤 02) 选择命令。单击 装配 选项卡 阵列 ▼ 区域中的 阵列 按钮，系统弹出图 6.4.6 所示的"阵列零部件"对话框（一）。

(步骤 03) 定义要阵列的零部件。在系统 选择零部件进行阵列 的提示下，选取图 6.4.5 所示的零件 2 作为要阵列的零部件。

(步骤 04) 定义阵列类型。在"阵列零部件"对话框中单击"矩形"选项卡，将阵列类型设置为矩形阵列。

(步骤 05) 确定阵列方向。在"阵列零部件"对话框中单击 列 区域中的"列方向"按钮 ，然后在绘图区域选取图 6.4.7 所示的模型边线为阵列的参考方向。

图 6.4.6　"阵列零部件"对话框（一）

选取此边线

图 6.4.7　选取方向

(步骤 06) 设置间距及个数。在"阵列零部件"对话框的 列 区域的 °°° 后的文本框中输入数值 4.0，在 ◇ 后的文本框中输入数值 30.0。

(步骤 **07**) 单击 |___确定___| 按钮，完成矩形阵列的操作。

图 6.4.6 所示的"阵列零部件"对话框（一）的说明如下。

◆ ▷ 按钮：用来选择要阵列的零部件。

◆ ▷ （列/行方向）按钮：用于通过选取边或者轴来定义列/行方向。

◆ ✕ （反向）按钮：用于使列/行的放置方向反向。

◆ ⁛ 文本框：在此文本框中输入数值可以设置阵列零件的个数（包括原零件）。

◆ ◇ 文本框：在此文本框中输入数值可以设置阵列零件的间距。

6.4.3 环形阵列

下面以图 6.4.8 所示的模型为例，说明创建环形阵列的一般操作步骤。

a）阵列前　　　　　　　　　　　b）阵列后

图 6.4.8　环形阵列

(步骤 **01**) 打开装配文件 D:\invsc14\work\ch06.04.03\circular-pattern.iam。

(步骤 **02**) 选择命令。单击 装配 选项卡 阵列 ▼ 区域中的 ⊞阵列 按钮，系统弹出"阵列零部件"对话框（二）。

(步骤 **03**) 定义要阵列的零部件。在系统 选择零部件进行阵列 的提示下，选取图 6.4.8a 所示的零件 2 作为要阵列的零部件。

(步骤 **04**) 定义阵列类型。在"阵列零部件"对话框中单击"环形"选项卡 ⁛ ，将阵列类型设置为环形阵列，如图 6.4.10 所示。

(步骤 **05**) 确定阵列轴。在"阵列零部件"对话框中单击 环形 区域中的"轴向"按钮 ▷ ，然后在在浏览器栏中"原始坐标系"节点下选择 Y 轴作为阵列轴。

　　　　　　阵列轴的选取也可以通过选择圆柱面来实现。

(步骤 **06**) 设置角度间距及个数。在"阵列零部件"对话框的 环形 区域的 ⁛ 后的文本框中输入数值 4.0，在 后的文本框中输入数值 90.0。

步骤 07 单击 确定 按钮，完成环形阵列的操作。

图 6.4.9 所示的"阵列零部件"对话框（二）的说明如下。

◆ 环形 区域中是关于零件环形阵列的相关设置。

- ▲ （轴向）按钮：用于指定环形阵列的旋转轴，此轴可以与要阵列的零部件位于不同的平面上。

- ✖ （反向）按钮：用于使阵列的方向反向。

- ░░ 文本框：在此文本框中输入数值可以设置阵列零件的总个数（包括原零件）。

- ◇ 文本框：在此文本框中输入数值可以设置阵列后零件的角度间距值。

图 6.4.9 "阵列零部件"对话框（二）

图 6.4.10 "阵列零部件"对话框（三）

6.4.4 关联阵列

关联是以装配体中某一部件的阵列特征为参照来进行部件的复制。在图 6.4.11b 中，零件 2 是参照装配体中零件 1 上的四个凹槽进行创建的，所以在使用"关联阵列"命令之前，应提前在装配体的某一零件中创建阵列特征。下面以图 6.4.11 为例，说明"关联阵列"的一般操作步骤。

零件 1

零件 2

a）阵列前

b）阵列后

图 6.4.11 关联阵列

步骤 01 打开装配文件 D:\invsc14\work\ch06.04.04\relevance-pattern.iam。

步骤 02 选择命令，单击 装配 选项卡 阵列 ▾ 区域中的 品品 阵列 按钮，系统弹出"阵列零部件"对话框。

步骤 03 定义要阵列的零部件。在系统 选择零部件进行阵列 的提示下，选取图 6.4.11a 所示的零件 2 作为要阵列的零部件。

步骤 04 确定关联驱动特征。在"阵列零部件"对话框 特征阵列选择 区域单击"关联特征阵列"按钮 ，然后单击浏览器上方 装配视图 ▾ 按钮旁的 ▾ 按钮，在弹出的对话框中选择 ☑ 造型视图 (M) 命令；在浏览器栏中展开 ⊞ part-01:1 节点，在其节点下选取 矩形阵列1 为关联驱动特征。

步骤 05 单击 确定 按钮，完成关联阵列特征的操作。

6.5 在装配体中修改零部件

一个装配体完成后，可以对该装配体中的任何零部件进行如下操作：零部件的打开与删除、零部件尺寸的修改、零部件装配配合的修改（如距离配合中距离值的修改）以及部件装配配合的重定义等。完成这些操作一般要从特征树开始。

6.5.1 更改浏览器中零部件的名称

大型的装配体中会包括数百个零部件，若要选取某个零件就只能在浏览器中进行操作，这样浏览器中零部件的名称就显得十分重要。下面以图 6.5.1 所示的为例，来说明在浏览器中更改零部件名称的一般过程。

a）更改前   b）更改后

图 6.5.1 在浏览器中更改零部件名称

步骤 01 打开装配文件 D:\invsc14\work\ch06.05.01\change-name.iam。

步骤 02 在浏览器栏中缓慢单击 part-02:1 两次，将模型的名称修改为 bolt。

步骤 03 在绘图区域空白处单击，完成更改浏览器栏中零部件名称的操作。

这里更改的是在浏览器中显示的名称，零件模型文件的名称并没有更改。

6.5.2 修改零部件的尺寸

下面以在图 6.5.2 所示的装配体模型为例，来说明修改装配中零部件的一般操作过程。

步骤 01 打开装配文件 D:\invsc14\work\ch06.05.02\edit-part.iam。

a）修改前   b）修改后

图 6.5.2　零部件的操作过程

步骤 02 定义要更改的零部件。在浏览器栏（或在图形区）中双击 <kbd>part-02:1</kbd> 零件。

步骤 03 定义修改特征。在浏览器栏中右击 <kbd>拉伸2</kbd>，在系统弹出的快捷菜单中选择 <kbd>编辑特征</kbd> 按钮，系统弹出"拉伸：拉伸 2"对话框。

步骤 04 更改尺寸。在"拉伸：拉伸 2"对话框的 <kbd>范围</kbd> 区域中，将深度值改为 60。

步骤 05 单击 <kbd>确定</kbd> 按钮，完成对"拉伸 2"的修改。

步骤 06 在浏览器栏中双击 <kbd>edit-part.iam</kbd> 将总装配激活，完成对 part-02:1 零件的修改。

6.6　装配体爆炸视图

装配体中的爆炸视图就是将装配体中的各零部件沿着直线或坐标轴移动，使各个零件从装配体中分解出来，如图 6.6.1 所示。爆炸视图对于表达各零部件的相对位置十分有帮助，因而常常用于表达装配体的装配过程。

a）爆炸前   b）爆炸后

图 6.6.1　爆炸视图

下面以图 6.6.1 所示为例，说明手动生成爆炸视图的一般操作步骤。

步骤 01 进入表达视图环境。选择 ▌▼ ➡ 🗋 新建 ➡ 🔍 表达视图 命令，系统自动

进入表达视图环境。

步骤 02 选择命令。单击 表达视图 选项卡 创建 区域中的"创建视图"按钮 🔳，系统

弹出图 6.6.2 所示的"选择部件"对话框。

图 6.6.2　"选择部件"对话框

步骤 03 选择部件。在"选择部件"对话框中单击"打开现有文件"按钮 🔍，找到

D:\invsc14\work\ch06.06\explode.iam，单击 打开(O) 按钮，系统返回到"选择部件"对话框。

步骤 04 定义爆炸方式。在"选择部件"对话框 分解方式 区域选中 ⦿ 手动 复选框，单击

确定 按钮。

步骤 05 创建图 6.6.3b 所示的爆炸步骤 1。

（1）选择命令。单击 表达视图 选项卡 创建 区域中的"调整零部件位置"按钮 ⟋，系

统弹出图 6.6.4 所示的"调整零部件位置"对话框。

选取 2 个零件

a）爆炸前　　　　　　　　　　　　b）爆炸后

图 6.6.3　爆炸步骤 1

（2）确定爆炸方向。选取图 6.6.5 所示的面作为爆炸方向参考，在"调整零部件位置"对话框 变换 区域中确认 Z 被选中。

在选取爆炸方向边线时要注意 Z 轴方向要与图 6.6.5 所示的方向相同，若方向相反，在后面输入爆炸距离时应输入所输值的负值。

图 6.6.4 "调整零部件位置"对话框

图 6.6.5 选取爆炸方向参考

图 6.6.4 所示的"调整零部件位置"对话框的说明如下。

◆ 创建位置参数 区域：其各选项介绍如下。

● 方向(D)：指定位置调整的方向或旋转轴。

● 零部件(C)：用于选择要调整位置的零部件。

● 轨迹原点(O)：用于设置轨迹的原点。

● 显示轨迹(S) 复选框：用于设置轨迹的显示与隐藏。

◆ 变换 区域：用于设置所选零部件变换的参数及类型。

● 单选项：用于将位置参数的类型设置为"线性"，并且可通过单击 X、Y、Z 按钮指定移动的方向。

● 单选项：用于将位置参数的类型设置为旋转，并且可通过单击 X、Y、Z 按钮指定要旋转的轴线。

● 75 文本框：用于设置零部件沿线性移动或绕某一轴线旋转的值。

● 编辑现有轨迹(E)：用于为现有位置参数初始化编辑模式。

● 仅空间坐标轴(T) 复选框：当将位置参数的类型设置为旋转时可用，选中此复选框时不旋转所选零部件，只旋转空间坐标轴方向。

◆ 清除(R)：用于清除对话框中的设置，以便设置其他位置参数。

（3）定义要爆炸的零件。在图形区选取图 6.6.3a 所示的两个零件。

（4）定义移动距离。在"调整零部件位置"对话框 变换 区域的文本框中输入数值 80，单击 ✓ 按钮。完成爆炸步骤 1 的创建，效果如图 6.6.3b 所示。

步骤 06 创建图 6.6.6b 所示的爆炸步骤 2。

选取此零件

a）爆炸前　　　　　　　　　　b）爆炸后

图 6.6.6　爆炸步骤 2

（1）确定爆炸方向。选取图 6.6.7 所示的面作为爆炸方向参考，在"调整零部件位置"对话框 变换 区域中确认 Z 被选中。

选取该平面

图 6.6.7　选取爆炸方向参考

（2）定义要爆炸的零件。在图形区选取图 6.6.6a 所示的零件。

（2）定义移动距离。在"调整零部件位置"对话框 变换 区域的文本框中输入数值 50，单击 ✓ 按钮。完成爆炸步骤 2 的创建，效果如图 6.6.6b 所示。

（3）单击 关闭 按钮完成爆炸视图的创建。

 取消选中对象的操作方法：按住 Shift+鼠标左键。

6.7　简化表示

大型装配体通常包括数百个零部件，这样将会占用极高的资源。为了提高系统性能，减少模型重建的时间，以及生成简化的装配体视图等，可以通过切换零部件的显示状态和改变零部件的压缩状态简化复杂的装配体。

6.7.1 切换零部件的显示状态

暂时关闭零部件的显示，可以将其从视图中移除，以便容易地处理被遮蔽的零部件。隐藏或显示零部件仅影响零部件在装配体中的显示状态，不会影响重建模型及计算的速度，但是可以提高显示的性能。以图 6.7.1 所示的模型为例，介绍隐藏零部件的一般操作步骤。

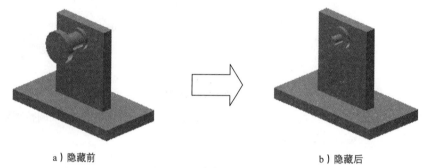

a）隐藏前   b）隐藏后

图 6.7.1　隐藏零部件

步骤 01 打开文件 D:\invsc14\work\ch06.07.01\hide-part.iam。

步骤 02 在浏览器中的 part-03:1 上右击，在系统弹出的快捷菜单中取消选中 可见性(V)，此时图形区中的该零件已被隐藏，如图 6.7.1b 所示。

　　　　显示零部件的方法与隐藏零部件的方法基本相同，在浏览器栏上右击要显示的零件名称，然后在系统弹出的快捷菜单中选中 可见性(V)。

6.7.2 抑制零部件

使用抑制命令可暂时将零部件从装配体中移除，在图形区将隐藏被抑制的零部件。被抑制的零部件无法被选取，并且不装入内存，不再是装配体中有功能的部分。在浏览器栏中抑制后的零部件呈暗色显示。以图 6.7.2 所示的模型为例，介绍抑制零部件的一般操作步骤。

步骤 01 打开文件 D:\invsc14\work\ch06.07.02\restrain-part.iam。

步骤 02 在浏览器中的 part-02:1 上右击，在系统弹出的快捷菜单中选择 抑制 命令，此时零件已被抑制。

a）抑制前   b）抑制后

图 6.7.2　抑制零部件

取消抑制特征的方法与抑制特征的方法基本相同，在浏览器栏上右击要取消抑制的零件名称，然后在系统弹出的快捷菜单中取消选中 ☑抑制 即可完成操作。

6.8　装配干涉分析

在产品设计过程中，当各零部件组装完成后，设计者最关心的是各个零部件之间的干涉情况，使用 检验 选项卡 干涉 区域中的"干涉检查"命令 🔲 可以帮助用户了解这些信息。下面以一个简单的装配为例，说明干涉检查的一般操作步骤。

步骤01 打开文件 D:\invsc14\work\ch06.08\interfere-analyse.iam。

步骤02 选择命令。在 检验 选项卡 干涉 区域中选择"干涉检查"命令 🔲，系统弹出图 6.8.1 所示的"干涉检查"对话框。

图 6.8.1　"干涉检查"对话框

步骤03 选择需检查的零部件。在浏览器中选取所有零部件作为要检查的零部件。

步骤04 查看检查结果。完成上一步操作后，单击"干涉检查"对话框中的 确定 按钮，系统弹出图 6.8.2 所示的"检查到干涉"对话框，同时图形区中发生干涉的面也会高亮显示，如图 6.8.3 所示。

图 6.8.1 所示的"干涉检查"对话框中的选项说明如下。

◆ 定义选择集1 复选框：用于选择一个或多个要检查的零部件作为一组。

◆ 定义选择集2 复选框：用于选择一个或多个要检查的零部件作为另外一组。

说明　在检查过程中,屏幕上会显示出完成的百分比;对于大量零部件或大型装配,检查可能需要很长时间;如果要检查一组零部件之间的干涉,可以选择选择集 1 中的所有零部件,然后单击 确定 按钮即可。

图 6.8.2　"检查到干涉"对话框

图 6.8.3　装配干涉分析

6.9　装配设计综合应用

案例概述:

　　本案例详细讲解了球轴承的创建和装配过程:首先创建轴承的内环、保持架及滚珠,它们分别生成一个模型文件,然后装配模型,并在装配体中创建轴承外环。其中,创建外环时用到"在装配体中创建零件模型"的方法。装配组件模型如图 6.9.1 所示。

1. 创建轴承内环

　　轴承内环零件模型及浏览器如图 6.9.2 所示。

图 6.9.1　球轴承装配组件模型

图 6.9.2　轴承内环零件模型及浏览器

步骤 01 新建一个零件模型，进入建模环境。

步骤 02 创建图 6.9.3 所示的旋转特征 1。在 创建 ▼ 区域中单击 按钮，系统弹出"创建旋转"对话框；单击"创建旋转"对话框中的 创建二维草图 按钮，选取 YZ 平面为草图平面，进入草绘环境，绘制图 6.9.4 所示的截面草图；单击 草图 选项卡 返回到三维 区域中的 按钮,在"旋转"对话框 范围 区域的下拉列表中选中 全部 选项；单击"旋转"对话框中的 确定 按钮，完成旋转特征 1 的创建。

图 6.9.3 旋转特征 1

图 6.9.4 截面草图

步骤 03 创建图 6.9.5a 所示的倒角特征。在 修改 ▼ 区域中单击 倒角 按钮；在"倒角"对话框中定义倒角类型为"倒角边长" 选项；选取模型中要倒角的边线，在系统的提示下，选取图 6.9.5a 所示的模型边线为倒角的对象；在"倒角"对话框 倒角边长 文本框中输入 1.0；单击"倒角"对话框中的 确定 按钮，完成倒角特征的定义。

a）倒角前　　　　　　　　　　b）倒角后

图 6.9.5 倒角特征

步骤 04 至此，零件模型创建完毕。选择下拉菜单 ➡ 保存 命令，命名为 BEARING_IN，即可保存零件模型。

2. 轴承保持架

轴承保持架零件模型及浏览器如图 6.9.6 所示。

图 6.9.6 轴承保持架零件模型及浏览器

步骤 01 新建一个零件模型，进入建模环境。

步骤 02 创建图 6.9.7 所示的旋转特征 2。在 创建▼ 区域中单击 按钮，系统弹出"创建旋转"对话框；单击"创建旋转"对话框中的 创建二维草图 按钮，选取 YZ 平面为草图平面，进入草绘环境，绘制图 6.9.8 所示的截面草图；单击 草图 选项卡 返回到三维 区域中的 按钮，在"旋转"对话框 范围 区域的下拉列表中选中 全部 选项；单击"旋转"对话框中的 确定 按钮，完成旋转特征 2 的创建。

图 6.9.7 旋转特征 2

图 6.9.8 截面草图

步骤 03 创建图 6.9.9 所示的拉伸特征 1。在 创建▼ 区域中单击 按钮，系统弹出"创建拉伸"对话框；单击"创建拉伸"对话框中的 创建二维草图 按钮，选取 YZ 平面作为草图平面，进入草绘环境。绘制图 6.9.10 所示的截面草图；单击 草图 选项卡 返回到三维 区域中的 按钮，在"拉伸"对话框中将布尔运算设置为"求差"类型 ，在 范围 区域中的下拉列表中选择 贯通 选项，将拉伸方向设置为"方向 2"类型 ；单击"拉伸"对话框中的 确定 按钮，完成拉伸特征 1 的创建。

图 6.9.9 拉伸特征 1

图 6.9.10 截面草图

步骤 04 创建图 6.9.11 所示的环形阵列 1。在 阵列 区域中单击 按钮；在图形区中选取拉伸特征（或在浏览器中选择"拉伸 1"特征）；在"环形阵列"对话框中单击 按钮，然后在浏览器中选取"Z 轴"为环形阵列轴，在 放置 区域的 按钮后的文本框中输入数值 12，在 放置 区域的 按钮后的文本框中输入数值 360.0；单击 确定 按钮，完成环形阵列的创建。

a）阵列前　　　　　　　　　　　　b）阵列后

图 6.9.11　阵列特征 1

步骤 05　至此，零件模型创建完毕。选择下拉菜单 [图标] ➡ [图标] 保存命令，命名为 BEARING_RING，即可保存零件模型。

3. 轴 承 滚 珠

轴承滚珠零件模型和浏览器如图 6.9.12 所示。

步骤 01　新建一个零件模型，进入建模环境。

步骤 02　创建图 6.9.13 所示的球体特征。在 基本要素 区域中选择 [图标] 命令，选取 YZ 平面为草图平面，绘制图 6.9.14 所示的截面草图；单击"旋转"对话框中的 确定 按钮，完成球体特征的创建。

说明：绘制球体的截面草图时，选择原点为圆中心，在动态文本框中输入圆的直径尺寸 7，然后按回车键即可。

Step3 至此，零件模型创建完毕。选择下拉菜单 [图标] ➡ [图标] 保存命令，命名为 BALL，即可保存零件模型。

图 6.9.12　轴承滚珠零件模型及浏览器　　图 6.9.13　球体特征　　图 6.9.14　截面草图

4. 轴承的装配

装配组件如图 6.9.15 所示。

步骤 01　新建一个装配文件。选择下拉菜单 [图标] ➡ [图标] 新建 ➡ [图标] 部件命令，系统自动进入装配环境。

步骤 02 添加轴承内环零件模型。在 装配 选项卡 零部件 区域单击 按钮，系统弹出"装入零部件"对话框；在 D:\inv14.3\work\ch39 下选取轴承内环模型文件 BEARING_IN.ipt，再单击 打开(0) 按钮；在绘图区域中右击选择 在原点处固定放置(G) 命令，按键盘上的 Esc 键，将模型放置在装配环境中，如图 6.9.15 所示。

步骤 03 添加轴承保持架零件模型。

（1）引入零件。在 装配 选项卡 零部件 区域单击 按钮，系统弹出"装入零部件"对话框，在 D:\inv14.3\work\ch39 下选取轴承保持架模型文件 BEARING_RING. ipt，再单击 打开(0) 按钮，在图形区合适的位置处单击，即可把零件放置到当前位置，如图 6.9.16 所示，放置完成后按键盘上的 Esc 键，通过旋转与移动命令调整零件方位以便于装配。

图 6.9.15　添加轴承内环模型

图 6.9.16　添加轴承保持架模型

（2）添加约束，使零件完全定位。单击"装配"选项卡 关系▼ 区域中的"约束"按钮 （或在"装配"浏览器栏中右击选择 约束(C) 命令），系统弹出"放置约束"对话框，在"放置约束"对话框 部件 选项卡中的 类型 区域中选中"配合"约束 ，分别选取 BEARING_IN 零件上的 XY 平面与 BEARING_RING 零件上的 XY 平面作为约束面，在"放置约束"对话框中单击 应用 按钮，完成第一个装配约束，在"放置约束"对话框 部件 选项卡中的 类型 区域中选中"配合"约束 ，分别选取图 6.9.17 所示的两个轴线作为约束对象，并确认 按钮被选中，在"放置约束"对话框中单击 应用 按钮，完成第二个装配约束，单击"放置约束"对话框的 取消 按钮，完成 BEARING_IN 零件的定位。

选取要配合的轴线

图 6.9.17　定义配合参考

步骤 04 添加轴承滚珠零件模型。

（1）引入零件。在 装配 选项卡 零部件 区域单击 按钮，系统弹出"装入零部件"对话框，在 D:\inv14.3\work\ch39 下选取轴承滚珠模型文件 BALL.ipt，再单击 打开(O) 按钮，在图形区合适的位置处单击，即可把零件放置到当前位置，如图 6.9.18 所示，放置完成后按键盘上的 Esc 键，通过旋转与移动命令调整零件方位以便于装配。

（2）添加约束，使零件完全定位。单击"装配"选项卡 关系 ▼ 区域中的"约束"按钮 （或在"装配"浏览器栏中右击选择 约束(C) 命令），系统弹出"放置约束"对话框，在"放置约束"对话框 部件 选项卡中的 类型 区域中选中"配合"约束 ，分别选取 BEARING_IN 零件上的 XY 平面与 BALL 零件上的 XY 平面作为约束面，在"放置约束"对话框中单击 应用 按钮，完成第一个装配约束，在"放置约束"对话框 部件 选项卡中的 类型 区域中选中"配合"约束 ，分别选取 BEARING_IN 零件上的 XZ 平面与 BALL 零件上的 XZ 平面作为约束面，在"放置约束"对话框中单击 应用 按钮，完成第二个装配约束，在"放置约束"对话框中选中"相切"约束 ，分别选取图 6.9.19 所示的两个面作为约束面，并确认 按钮被选中，单击 应用 按钮，完成第三个装配约束。

图 6.9.18　放置零件　　　　　图 6.9.19　定义配合参考

步骤 **05**　创建图 6.9.20 所示的阵列 1。单击 装配 选项卡 阵列 ▼ 区域中的 阵列 按钮，系统弹出"阵列零部件"对话框；在系统 选择零部件进行阵列 的提示下，选取轴承滚珠零件作为要阵列的零部件；在"阵列零部件"对话框中单击"环形"选项卡 ，以将阵列类型设置为环形阵列；在"阵列零部件"对话框中单击"轴向"按钮 ，然后在浏览器中选取"Z 轴"为环形阵列轴；在"阵列零部件"对话框 按钮后的文本框中输入数值 12，在 按钮后的文本框中输入数值 30.0；单击 确定 按钮，完成环形阵列的创建。

a）阵列前　　　　　b）阵列后

图 6.9.20　阵列特征 1

步骤 **06** 创建轴承外环。单击 装配 功能选项卡 零部件 区域中的"创建"按钮 ；此时系统弹出"创建在位零件"对话框，在 新零部件名称(N) 文本框中输入零件名称为 BEARING_OUT；采用系统默认的模板和新文件位置；单击 确定 按钮，在系统 为基础特征选择草图平面 的提示下选取"中心点"命令 ◇中心点，此时系统进入编辑零部件环境；在 创建 ▼ 区域中选择 命令，选取 YZ 平面为草图平面，绘制图 6.9.21 所示的截面草图；在"旋转"对话框 范围 区域的下拉列表中选中 全部 选项；单击"旋转"对话框中的 确定 按钮，完成旋转特征 1 的创建（图 6.9.22 ）。

图 6.9.21 截面草图

图 6.9.22 旋转特征 1

步骤 **07** 创建图 6.9.23b 所示的倒角特征 1。在 修改 ▼ 区域中单击 ◇倒角 按钮；在"倒角"对话框中定义倒角类型为"倒角边长" 选项；选取模型中要倒角的边线，在系统的提示下，选取图 6.9.23a 所示的模型边线为倒角的对象；在"倒角"对话框 倒角边长 文本框中输入 1.0；单击"倒角"对话框中的 确定 按钮，完成倒角特征的定义。

步骤 **08** 激活并保存总装配。双击总装配名称将其激活，然后选择下拉菜单 I ➡ 保存 命令，命名为 BEARING_ASM，即可保存零件模型。

这两条边线为倒角对象

a）倒角前

b）倒角后

图 6.9.23 倒角特征 1

第 7 章 曲面设计

7.1 概述

Inventor 中的曲面（Surface）设计功能主要用于创建形状复杂的零件。这里要注意，曲面是一种零厚度、特殊类型的几何特征。

在 Inventor 中，通常将一个曲面或几个曲面的组合称为面组。

用曲面创建形状复杂的零件的主要过程如下：

（1）创建数个单独的曲面。

（2）对曲面进行剪裁、填充和等距等操作。

（3）将各个单独的曲面缝合为一个整体的面组。

（4）将曲面（面组）转化为实体零件。

7.2 创建曲线

曲线是构成曲面的基本元素，在绘制许多形状不规则的零件时，经常要用到曲线工具。本节主要介绍关键点曲线、螺旋线、投影曲线、相交曲线和分割线的一般创建过程。

7.2.1 通过参考点的曲线

通过参考点的曲线就是通过三点或更多的点来创建的三维曲线。这些点可以是已创建的点，线框元素和边上的关键点，或者是自由空间中的点。下面以图 7.2.1 为例来介绍通过关键点创建曲线的一般过程。

步骤 01　打开文件 D:\invsc14\work\ch07.02.01\curve-through-points.ipt。

a）创建前　　　　　　　　　　　　　　　　b）创建后

图 7.2.1　创建通过关键点的曲线

步骤 02 进入三维草图环境。单击 三维模型 选项卡 草图 区域中的 创建二维草图 按钮，选择 创建三维草图 命令，系统进入三维草图环境。

步骤 03 选择命令。单击 三维草图 选项卡 绘制 ▼ 区域中的 样条曲线 按钮，选择 样条曲线 插值 命令。

步骤 04 定义通过点。依次选取图 7.2.1 所示的点 1~点 5 为曲线通过点。

步骤 05 单击 Enter 键，结束样条线的绘制。

7.2.2 投影曲线

投影曲线就是将曲线按照指定的类型投射到曲面或实体表面上而生成的曲线。投影曲线的类型包括"沿矢量投影""投影到最近的点"和"折叠到曲面"三种。下面以图 7.2.2 为例来介绍创建投影曲线的一般操作步骤。

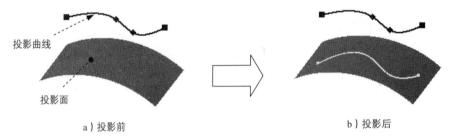

投影曲线

投影面

a）投影前 　　　　　　　　　　　　　　　　b）投影后

图 7.2.2　创建投影曲线

步骤 01 打开文件 D:\invsc14\work\ch07.02.02\projection-curves.ipt。

步骤 02 进入三维草图环境。单击 三维模型 选项卡 草图 区域中的 创建二维草图 按钮，选择 创建三维草图 命令，系统进入三维草图环境。

步骤 03 选择命令。单击 三维草图 选项卡 绘制 ▼ 区域中的"投影到曲面"按钮 ，系统弹出图 7.2.3 所示的"将曲线投影到曲面"对话框。

图 7.2.3　"将曲线投影到曲面"对话框

步骤 04 定义投影面。在系统 选择面、曲面特征或工作平面 的提示下选取图 7.2.2a 所示的投影面。

步骤 05 定义投影曲线。单击"将曲线投影到曲面"对话框中的 ⬚⬚ 曲线 按钮，然后选取图 7.2.2a 所示的投影曲线。

步骤 06 单击 ⬚确定⬚ 按钮，完成投影曲线的创建。

图 7.2.3 所示的"将曲线投影到曲面"对话框中的选项按钮说明如下。

◆ ⬚ 面 按钮：用于选择一个或多个要在其上投影曲线的曲面或实体的目标面。

◆ ⬚ 曲线 按钮：用于选择要投影的曲线。

◆ 输出 区域：用于指定投影曲线的输出类型。

● ⬚ （沿矢量投影）按钮：用于指定矢量投影。

● ⬚ （投影到最近的点）按钮：用于与最近的点成法向的平面投影。

● ⬚ （折叠到曲面）按钮：用于围绕选定面的曲率形成投影的曲线。

 对于折叠到曲面输出，面必须是圆柱面、圆锥面或平面。曲线必须位于一个平面上并且平面与选定的面相切。

7.2.3　分割曲线

"分割"命令可以将草图、曲面、面、基准面或曲面样条曲线投影到曲面或平面，并将所选的面分割为多个分离的面，从而允许对分离的面进行操作。下面以图 7.2.4 为例来介绍分割的一般创建过程。

步骤 01 打开文件 D:\invsc14\work\ch07.02.03\splid-curves.ipt。

a）创建前　　　　　b）创建后

图 7.2.4　创建分割线

步骤 02 选择命令。单击 三维模型 选项卡 修改 区域中的 ⬚分割 按钮，系统弹出图 7.2.5 所示的"分割"对话框。

图 7.2.5 "分割"对话框

步骤 03 定义分割工具。选取图 7.2.4a 所示的曲线为分割工具。

步骤 04 定义分割面。在"分割"对话框中单击 面按钮，按下 面 区域下的"全部"按钮 ，然后选取图 7.2.4a 所示的曲面为分割面。

步骤 05 单击 确定 按钮，完成分割线的创建。

图 7.2.5 所示的"分割"对话框的各选项按钮说明如下。

◆ （分割面）按钮：用于选择要分割的一个或多个面。

◆ （修剪实体）按钮：用于选择要分割的零件或实体，并丢弃一侧。

◆ （分割实体）按钮：用于选择要用来将实体分割成两部分的工作平面或分模线。

◆ 分割工具 按钮：用于选择工作平面、曲面或草图，以将面或实体分割成两部分。

◆ 按钮：用于在"面分割"方法处于激活状态时，选取要分割的面。

◆ 实体 按钮：用于在"修剪实体"或者"分割实体"方法处于激活状态时，选取要修剪或者分割的实体。

◆ （全部）按钮：用于选取所有面进行分割。

◆ （选择）按钮：用于对选择面进行分割。

7.2.4 相交曲线

相交曲线是两个面相交处的交线。两个相交的面可以是参考平面、模型面或构造表面的任意组合。下面以图 7.2.6 为例，介绍创建相交曲线的一般过程。

a）创建前   b）创建后

图 7.2.6 创建相交曲线

步骤 **01** 打开文件 D:\invsc14\work\ch07.02.04\intersect-curves.ipt。

步骤 **02** 进入三维草图环境。单击 三维模型 选项卡 草图 区域中的 创建二维草图 按钮，选择 ✍创建三维草图 命令，系统进入三维草图环境。

步骤 **03** 选择命令。单击 三维草图 选项卡 绘制 ▾ 区域中的"相交曲线"按钮 ，系统弹出图 7.2.7 所示的"三维相交曲线"对话框。

图 7.2.7 "三维相交曲线"对话框

步骤 **04** 定义要相交的几何图元。选取图 7.2.6 所示两个面为要相交的对象。

步骤 **05** 单击"三维相交曲线"对话框中的 确定 按钮，完成相交曲线的创建。

7.2.5 螺旋线

螺旋线可以用于扫掠特征的一个路径或引导曲线，或用于放样特征的引导曲线。下面以图 7.2.8 为例来介绍创建螺旋线的一般操作步骤。

步骤 **01** 打开文件 D:\invsc14\work\ch07.02.05\helix-spiral.ipt。

步骤 **02** 进入三维草图环境。单击 三维模型 选项卡 草图 区域中的 创建二维草图 按钮，选择 ✍创建三维草图 命令，系统进入三维草图环境。

步骤 **03** 选择命令。单击 三维草图 选项卡 绘制 ▾ 区域中的"螺旋曲线"按钮 ，系统弹出图 7.2.9 所示的"螺旋曲线"对话框。

步骤 **04** 定义螺旋轴的起始点。分别选取图 7.2.8 所示的点 1 与点 2 为螺旋轴的起点与终点。

步骤 **05** 定义螺旋线的方式。在"螺旋曲线"对话框 类型 区域的下拉列表中选择 螺距和转数 选项。

步骤 **06** 定义螺旋线参数。在"螺旋曲线"对话框的 直径 文本框中输入数值 60.0,在 螺距 文本框中输入数值 10，在 转数 文本框中输入数值 7，在 锥度 文本框中输入数值-10，并确认 ↻ 按钮被按下，选取图 6.2.8 所示的点 3。

步骤 **07** 单击 确定 按钮，完成螺旋线的创建。

a）创建前

b）创建后

图 7.2.8　创建螺旋线

图 7.2.9　"螺旋曲线"对话框

图 7.2.9 所示的"螺旋曲线"对话框中的选项按钮说明如下。

◆ 类型 区域：提供了四种创建螺旋线的方式。

- 螺距和转数 选项：通过定义螺距和圈数生成一条螺旋线。

- 转数和高度 选项：通过定义圈数和高度生成一条螺旋线。

- 螺距和高度 选项：通过定义高度和螺距生成一条螺旋线。

- 平面螺旋 选项：通过定义螺距和圈数生成一条涡状线。

- 直径 文本框：用于指定螺旋曲线的直径。

- 高度 文本框：用于设置螺旋曲线的高度。

- 螺距 文本框：用于输入螺旋线的螺距值。

- 转数 文本框：用于输入螺旋线或涡状线的旋转数。

- 锥度 选项：用于为螺旋线指定锥角（除平面螺旋外）。

◆ 旋转 文本框：用于指定螺旋曲线是按顺时针方向还是逆时针方向旋转。

7.3 创建基本曲面

7.3.1 拉伸曲面

拉伸曲面是将曲线或直线沿指定的方向拉伸所形成的曲面。下面以图 7.3.1 所示的曲面为例，介绍创建拉伸曲面的一般过程。

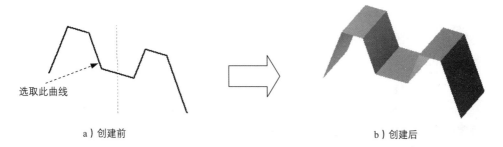

选取此曲线

a）创建前　　　　　　　　　　b）创建后

图 7.3.1　创建拉伸曲面

步骤 01 打开文件 D:\invsc14\work\ch07.03.01\extrude.ipt。

步骤 02 选择命令。在 创建 ▼ 区域中单击 按钮，系统弹出图 7.3.2 所示的"拉伸"对话框。

步骤 03 定义拉伸曲线。系统自动选取图 7.3.1 所示的曲线为拉伸曲线。

说明

　　如果在绘图区域有多个截面轮廓，并且没有选择任何一个，可以单击"截面轮廓"，然后在图形窗口中单击一个或多个截面轮廓；如果只有一个封闭的截面轮廓，系统会自动选取。

步骤 04 定义输出类型。在"拉伸"对话框 输出 区域单击"曲面"按钮 。

图 7.3.2　"拉伸"对话框

步骤 05 定义深度属性。

（1）确定深度类型。在"拉伸"对话框 范围 区域中的下拉列表中选择 距离 选项，如图 7.3.2 所示。

（2）确定拉伸方向。采用系统默认的拉伸方向。

（3）确定拉伸深度。在"拉伸"对话框 范围 区域中的文本框中输入数值 20，如图 7.3.2 所示。

步骤 06 在该对话框中单击 确定 按钮，完成拉伸曲面的创建。

7.3.2　旋转曲面

旋转曲面是将曲线绕中心线旋转所形成的曲面。下面以图 7.3.3 所示的模型为例，介绍创建旋转曲面的一般过程。

a）创建前　　　　　　　　　　　　　　　b）创建后

图 7.3.3　创建旋转曲面

步骤 01 打开文件 D:\invsc14\work\ch07.03.02\rotate.ipt。

步骤 02 选择命令。在 创建 ▼ 区域中单击 按钮，系统弹出 "旋转"对话框。

步骤 03 定义旋转曲线。系统自动选取图 7.3.3 所示的曲线为旋转曲线。

步骤 04 定义旋转轴。采用系统默认的旋转轴。

步骤 05 定义旋转类型及角度。在"旋转"对话框 范围 区域的下拉列表中选择 全部 选项，单击 确定 按钮，完成旋转曲面的创建，结果如图 7.3.3b 所示。

在选取旋转曲线时，系统自动将图 7.3.3 所示的中心线选取为旋转轴，所以此例不需要再选取旋转轴；用户也可以通过激活 后的文本框来选择中心线。

7.3.3　偏移曲面

偏移曲面是将选定曲面沿其法线方向偏移后所生成的曲面。下面介绍图 7.3.4 所示的创建偏移曲面的一般操作步骤。

a）创建前   b）创建后

图 7.3.4　创建偏移曲面

步骤 01 打开文件 D:\invsc14\work\ch07.03.03\offset-surface. ipt。

步骤 02 选择命令。在 曲面 ▼ 区域中单击"加厚/偏移"按钮 ⬙ ，系统弹出图 7.3.5 所示的"加厚/偏移"对话框。

图 7.3.5　"加厚/偏移"对话框

步骤 03 定义偏移曲面。选取图 7.3.4a 所示的曲面为偏移曲面。

步骤 04 定义输出类型。在"加厚/偏移"对话框 输出 区域中选择"曲面"选项 ⬛ 。

步骤 05 定义偏移距离。在"加厚/偏移"对话框 距离 文本框中输入数值 2，将偏移方向设置为方向 2 的类型 ◩ 。。

步骤 06 单击 确定 按钮，完成偏移曲面的创建，结果图 7.3.4b 所示。

7.3.4 边界嵌片

使用"边界嵌片"可以从闭合的草图或闭合的边界创建平面或三维曲面。下面介绍图 7.3.6所示的创建边界嵌片的一般操作步骤。

a）创建前　　　　　　　　　　　　b）创建后

图 7.3.6　创建边界嵌片

步骤 **01**　打开文件 D:\invsc14\work\ch07.03.04\ambit-surface.ipt。

步骤 **02**　选择命令。在 曲面 ▼ 区域中单击"边界嵌片"按钮 ⬚，系统弹出图 7.3.7 所示的"边界嵌片"对话框。

图 7.3.7　"边界嵌片"对话框

步骤 **03**　定义边界边。在系统 选择边或草图曲线 的提示下选取图 7.3.6 所示的边线为曲面的边界。

步骤 **04**　单击 确定 按钮，完成边界嵌片的创建。

7.3.5　扫描曲面

扫掠曲面是将轮廓曲线沿一条路径进行扫掠所产生的曲面。下面以图 7.3.8 所示的模型为例，介绍创建扫掠曲面的一般操作步骤。

a）创建前　　　　　　　　　　　　b）创建后

图 7.3.8　创建扫掠曲面

步骤 01 打开文件 D:\invsc14\work\ch07.03.05\sweep.ipt。

步骤 02 选择命令。在 创建 ▼ 区域中单击"扫掠"按钮 扫掠，系统弹出图 7.3.9 所示的"扫掠"对话框。

步骤 03 定义截面轨廓。选取图 7.3.8a 所示的扫掠截面轨廓。

步骤 04 定义扫掠路径。选取图 7.3.8a 所示的路径。

步骤 05 定义输出类型。在"扫掠"对话框 输出 区域单击"曲面"按钮 。

步骤 06 在该对话框中单击 确定 按钮，完成扫掠曲面的创建。

图 7.3.9 "扫掠"对话框

7.3.6 放样曲面

放样曲面是通过一系列截面轮廓以定义曲面形状，并可以选择轨道或中心线来进一步美化该形状。下面以图 7.3.10 所示的模型为例，介绍创建放样曲面的一般操作步骤。

a）创建前　　　　　　　　　　　　　　　b）创建后

图 7.3.10 创建放样曲面

步骤 01 打开文件 D:\invsc14\work\ch07.03.06\lofted-surface.ipt。

步骤 02 选择命令。在 创建 ▼ 区域中单击 放样 按钮，系统弹出图 7.3.11 所示的"放样"对话框。

步骤 **03** 定义放样截面。选取图 7.3.10a 所示的截面 1 和截面 2。

步骤 **04** 定义放样轨道。在"放样"对话框 轨道 文本框中单击，然后选取图 7.3.10a 所示的轨道 1、和轨道 2 为轨道线，其他参数采用默认设置，如图 7.3.10b 所示。

步骤 **05** 定义输出类型。在"放样"对话框 输出 区域确认"曲面"按钮 被按下。

图 7.3.11 "放样"对话框

步骤 **06** 在该对话框中单击 确定 按钮，完成放样曲面的创建。

7.4 曲线与曲面的曲率分析

7.4.1 曲线曲率的显示

下面以图 7.4.1 所示的曲线为例，说明曲线曲率显示的一般操作过程。

a）显示前　　　　　　　　　　　　　　b）显示后

图 7.4.1 显示曲线曲率

步骤 **01** 打开文件 D:\invsc14\work\ch07.04.01\curve-curvature.ipt。

步骤 **02** 选择命令。在图形区右击曲线，在弹出的快捷菜单中选择 显示曲率 选项，图形区立即显示曲线的曲率梳。

7.4.2 曲面曲率的显示

下面以图 7.4.2 所示的曲面为例，说明曲面平均曲率显示的一般操作步骤。

a）显示前　　　　　　　　　　b）显示后

图 7.4.2　显示曲面曲率

步骤 01 打开文件 D:\invsc14\work\ch07.04.02\surface-curvature. ipt。

步骤 02 选择命令。在 检验 选项卡 分析 区域单击"曲面"按钮 ，系统弹出图 7.4.3 所示的"曲面分析"对话框。

步骤 03 设置参数。在"曲面分析"对话框中单击 自动范围 按钮。

步骤 04 单击 确定 按钮，图形区立即显示曲面的分析图，如图 7.4.2b 所示。

图 7.4.3　"曲面分析"对话框

7.4.3　曲面斑马条纹的显示

下面以图 7.4.4 为例，说明曲面斑纹显示的一般操作步骤。

a）显示前　　　　　　　　　　b）显示后

图 7.4.4　显示曲面斑纹

步骤 01 打开文件 D:\invsc14\work\ch07.04.03\surface-zebra.ipt。

步骤 02 选择命令。在 检验 选项卡 分析 区域单击"斑纹"按钮，系统弹出图 7.4.5 所示的"斑纹分析"对话框。

步骤 03 设置参数。在"斑马条纹"对话框单击"水平"按钮，其他参数采用系统默认设置，然后单击 确定 按钮，完成曲面的斑纹显示操作。

图 7.4.5 "斑纹分析"对话框

7.5 对曲面进行编辑

7.5.1 曲面的延伸

曲面的延伸就是将曲面延长某一距离、延伸到某一平面或延伸到某一点，延伸曲面与原始曲面可以是同一曲面，也可以为线性。下面以图 7.5.1 为例来介绍曲面延伸的一般操作过程。

a）延伸前   b）延伸后

图 7.5.1 曲面的延伸

步骤 01 打开文件 D:\invsc14\work\ch07.05.01\surface-extend.ipt。

步骤 02 选择命令。在 三维模型 选项卡中单击 曲面 ▼ 按钮，选择 ⊞ 延伸 命令，系统弹出图 7.5.2 所示的"延伸曲面"对话框。

步骤 03 定义延伸边线。在系统 选择要延伸的边界边 的提示下选取图 7.5.1a 所示的边线为延伸边线。

步骤 04 定义终止条件类型。在"延伸曲面"对话框的 范围 区域的下拉列表中选择 距离 选项，输入距离值为 15。

步骤 05 在该对话框中单击 确定 按钮，完成延伸曲面的创建。

图 7.5.2 "延伸曲面"对话框

7.5.2 曲面的剪裁

曲面的剪裁（Trim）是通过曲面、基准面或曲线等剪裁工具将相交的曲面进行剪切，它类似于实体的切除（Cut）功能。

下面以图 7.5.3 为例，介绍修剪裁曲面的一般操作过程。

a）修剪前   b）修剪后

图 7.5.3 曲面的剪裁

步骤 01 打开文件 D:\invsc14\work\ch07.05.02\surface-trim.ipt。

步骤 02 选择命令。在 曲面 ▼ 区域中单击"修剪曲面"按钮 ✂，系统弹出图 7.5.4 所示的"修剪曲面"对话框。

步骤 03 定义切割工具。在系统 选择曲面、工作平面或草图作为切割工具 的提示下选取图 7.5.5 所示的曲面切割工具。

步骤 04 定义要删除的面，在系统 选择要删除的面 的提示下选取图 7.5.6 所示的面为要删除的面。

步骤 05 单击 确定 按钮，完成曲面修剪的创建。

图 7.5.4 "修剪曲面"对话框

图 7.5.5 定义切割工具

图 7.5.6 定义要删除的面

7.5.3 曲面的缝合

"缝合曲面"可以将多个独立曲面缝合到一起作为一个曲面。下面以图 7.5.7 所示的模型为例，来介绍创建曲面缝合的一般过程。

步骤 01 打开文件 D:\invsc14\work\ch07.05.03\surface-sew. ipt。

步骤 02 选择命令。在 曲面▼ 区域中单击"缝合曲面"按钮 🏮 ，系统弹出 "缝合"对话框。

步骤 03 定义缝合对象。在系统 选择要缝合的实体 的提示下选取图 7.5.7 所示的曲面 1、曲面 2 和曲面 3 为缝合对象。

步骤 04 在该对话框中单击 应用 按钮，单击 完毕 按钮，完成缝合曲面的创建。

a）缝合前　　　　　　　　　　　　　　　　　b）缝合后

图 7.5.7 曲面的缝合

7.5.4 删除面

"删除"命令可以把现有多个面进行删除。下面以图 7.5.8 为例来说明其一般操作步骤。

a）删除前   b）删除后

图 7.5.8 删除面

步骤 01 打开文件 D:\invsc14\work\ch07.05.04\delete-face.ipt。

步骤 02 选择命令。在 曲面 ▼ 区域中单击"删除面"按钮 ☐✕，系统弹出"删除面"对话框。

步骤 03 定义删除面。选择图 7.5.8 所示的曲面为要删除的面。

步骤 04 在"删除面"对话框中取消选中 ☐修复 复选项。

步骤 05 单击 确定 按钮，完成删除面的创建。

7.6 曲面的圆角

7.6.1 等半径圆角

下面以图 7.6.1 所示的模型为例，介绍创建等半径圆角的一般操作步骤。

选择此边线

a）倒圆前   b）倒圆后

图 7.6.1 创建等半径圆角

步骤 01 打开文件 D:\invsc14\work\ch07.06.01\fillet-01.ipt。

步骤 02 选择命令。在 修改 ▼ 区域中单击 按钮，系统弹出图 7.6.2 所示的"圆角"对话框。

步骤 03 定义圆角类型。在"圆角"对话框单击"边圆角"按钮，并确认 等半径 选项卡被选中。

步骤 04 定义圆角对象。在系统 选择一条边进行圆角 的提示下，选取图 7.6.1 所示的模型边线为要倒圆角的对象。

图 7.6.2 "圆角"对话框

步骤 05 定义圆角半径。在"圆角"小工具栏"半径 R"文本框中输入数值 5.0。

步骤 06 单击"圆角"对话框中的 确定 按钮，完成等半径圆角的创建。

7.6.2 变半径圆角

变半径圆角可以生成带有可变半径值的圆角。创建图 7.6.3 所示变半径圆角的一般操作步骤如下：

步骤 01 打开文件 D:\invsc14\work\ch07.06.02\fillet-02.ipt。

步骤 02 选择命令。在 修改 ▼ 区域中单击 按钮，系统弹出"圆角"对话框。

步骤 03 定义圆角类型。在"圆角"对话框单击"边圆角"按钮，并单击 变半径 选项卡。

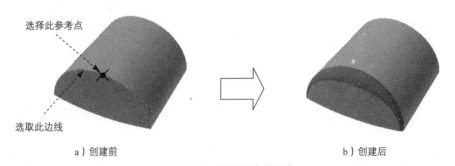

a）创建前 b）创建后

图 7.6.3 创建变半径圆角

步骤 04 定义圆角对象。在系统 选择一条边进行圆角 的提示下，选取图 7.6.3a 所示的模型边线为要倒圆角的对象。

(步骤 **05**) 定义倒圆参数。在绘图区域选取图 7.6.3a 所示的参考点，此时在"圆角"对话框"点"区域会添加除了开始点与结束点之外的另外一个点，然后在"圆角"对话框 半径 区域对应文本框中修改各控制点的半径值，并修改点 1 的位置（具体数值可参考图 7.6.4 所示）。

(步骤 **06**) 单击对话框中的 确定 按钮，完成变半径圆角特征的定义。

图 7.6.4　"圆角"对话框

7.6.3　面圆角

面圆角是把两个没有接触的面用圆角连接并剪切掉多余的部分。下面以图 7.6.5 所示的模型为例，介绍创建面圆角的一般操作步骤。

(步骤 **01**) 打开文件 D:\invsc14\work\ch07.06.03\fillet-03. ipt。

(步骤 **02**) 在 修改 ▼ 区域中单击 按钮，系统弹出"圆角"对话框。

(步骤 **03**) 定义圆角类型。在"圆角"对话框单击"面圆角"按钮 。

(步骤 **04**) 定义圆角面。在系统 选择面进行过渡 的提示下，选取图 7.6.5a 所示的面 1 与面 2，并分别单击 面集 1 和 面集 2 前的"反向"按钮 。

a）创建前　　　　　　　　　　　　　　　　b）创建后

图 7.6.5　创建面圆角

(步骤 **05**) 定义圆角半径。在"圆角"对话框 半径 文本框中输入数值 5，其他参数采用系统默认设置。

(步骤 **06**) 单击对话框中的 确定 按钮，完成面圆角的创建。

7.6.4　完整圆角

完整圆角是相切于三个相邻面的圆角。下面以图 7.6.6 所示的模型为例，介绍创建完整圆角的一般操作步骤。

a）倒圆角前　　　　　　　　　　　　　　　　　　b）倒圆角后

图 7.6.6　创建完整圆角

步骤 01 打开文件 D:\invsc14\work\ch07.06.04\fillet-04. ipt。

步骤 02 在 修改 ▼ 区域中单击 🔘 按钮，系统弹出"圆角"对话框。

步骤 03 定义圆角类型。在"圆角"对话框单击"全圆角"按钮 🔲 。

步骤 04 选取要倒圆角的对象。在系统 选择面进行过渡 的提示下，依次选取图 7.6.6a 所示的模型侧面集 1、中心面集、侧面集 2。

步骤 05 单击对话框中的 确定 按钮，完成完整圆角的创建。

7.7　曲面实体化操作

7.7.1　封闭曲面

"缝合曲面"命令可以将封闭的曲面缝合成一个面，并将其实体化。下面以图 7.7.1 所示的模型为例，介绍闭合曲面实体化的一般过程。

步骤 01 打开文件 D:\invsc14\work\ch07.07.01\closed-surface. ipt。

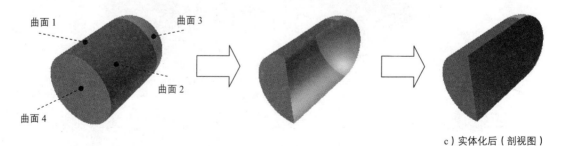

c）实体化后（剖视图）

图 7.7.1　封闭曲面的实体化

步骤 02 用剖面视图查看零件模型为曲面。

（1）选择剖面视图命令。在 检验 选项卡 分析 区域单击"剖视"按钮 ，系统弹出图 7.7.2 所示的"截面分析"对话框。

（2）定义剖面。在系统 选择平面或面（剖视） 的提示下选取 YZ 平面作为剖切面，在 剖切平面 区域单击 按钮，单击 确定 按钮，结果如图 7.7.1b 所示，此时可看到在绘图区中显示的特征为曲面。

（3）取消零件观察结果。在浏览器 中 分析:剖视1(开) 上右击选择 分析可见性 命令，使其处于隐藏状态。

图 7.7.2 "截面分析"对话框

步骤 03 选择缝合曲面命令。单击 三维模型 选项卡 曲面 ▼ 区域中的"缝合曲面"按钮 ，系统弹出"缝合"对话框。

步骤 04 定义缝合对象。选取图 7.7.1a 所示的曲面 1、曲面 2、曲面 3 和曲面 4 为缝合对象。

步骤 05 定义实体化。在"缝合"对话框中确认 □ 保留为曲面 不被选中。

步骤 06 单击 应用 按钮，单击 完毕 按钮，完成曲面实体化的操作。

步骤 07 用剖面视图查看零件模型为实体。

（1）在浏览器 中 分析:剖视1(关) 上右击选择 分析可见性 命令，使其处于显示的状态，结果如图 7.7.1c 所示，此时可看到在绘图区中显示的特征为实体。

（2）在浏览器 中 分析:剖视1(开) 上右击选择 分析可见性 命令，使其处于隐藏状态。

7.7.2 加厚曲面

"加厚"命令可以将开放的曲面（或开放的面组）转化为薄板实体特征。下面以图 7.7.3 为例，来说明加厚曲面的一般操作过程。

步骤 01　打开文件 D:\invsc14\work\ch07.07.02\thick-surface.ipt。

步骤 02　选择命令。在 曲面 ▼ 区域中单击"加厚/偏移"按钮 ，系统弹出图 7.7.4 所示的"加厚/偏移"对话框。

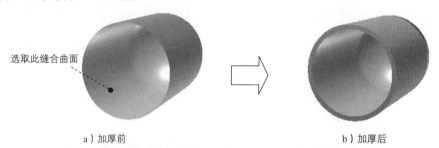

选取此缝合曲面

a）加厚前　　　　　　　　　　　　　　　　b）加厚后

图 7.7.3　曲面的加厚

图 7.7.4　"加厚/偏移"对话框

步骤 03　定义加厚曲面。在对话框中选中 ⊙ 缝合曲面 复选框，选取图 7.7.3a 所示的曲面为加厚曲面。

步骤 04　定义加厚方向。在"加厚/偏移"对话框 距离 区域中单击 ▨ 按钮。

步骤 05　定义厚度。在"加厚/偏移"对话框 距离 区域中的文本框中输入数值 3。

步骤 06　在该对话框中单击 确定 按钮，完成开放曲面的加厚。

7.7.3　替换面

使用"替换"命令可以用曲面替换实体的表面，替换曲面不必与实体表面有相同的边界。下面以图 7.7.5 所示的模型为例，说明用曲面替换实体表面的一般操作过程。

步骤 01　打开文件 D:\invsc14\work\ch07.07.03\replace-face.ipt。

图 7.7.5 用曲面替换实体表面

步骤 **02** 选择命令。在 三维模型 选项卡中单击 曲面 ▼ 按钮，选择 替换面 命令，系统弹出 "替换面" 对话框。

步骤 **03** 定义替换的现有面。在系统 选择要替换的现有面 的提示下选取图 7.7.5a 所示的面 1 为替换的现有面。

步骤 **04** 定义新建面。在"替换面"对话框中单击 新建面按钮，然后选取图 7.7.5a 所示的面 2 为新建面。

步骤 **05** 在该对话框中单击 确定 按钮，完成替换操作，结果如图 7.7.5b 所示。

7.8 曲面设计综合应用

7.8.1 曲面设计综合应用一

案例概述

本案例介绍了一款门把手的曲面设计过程。曲面零件设计的一般方法是先创建一系列草绘曲线和空间曲线，然后利用所创建的曲线构建几个独立的曲面，再利用缝合等工具将独立的曲面变成一个整体面，最后将整体面变成实体模型。零件模型及浏览器如图 7.8.1 所示。

图 7.8.1 零件模型和浏览器

步骤 01 新建一个零件模型，进入建模环境。

步骤 02 创建草图 1。在 三维模型 选项卡 草图 区域单击 ✎ 按钮，选取 XZ 平面作为草图平面，绘制图 7.8.2 所示的草图 1。

> **说明** 图 7.8.2 所示的样条曲线中的起点与端点必须添加竖直、水平关系。

图 7.8.2　草图 1

步骤 03 创建图 7.8.3 所示的草图 2(建模环境)。在 三维模型 选项卡 草图 区域单击 ✎ 按钮，选取 XY 平面作为草图平面，绘制图 7.8.4 所示的草图 2（草图环境）。

图 7.8.3　草图 2（建模环境）　　　　图 7.8.4　草图 2（草图环境）

步骤 04 创建图 7.8.5 所示的工作平面 1。在 定位特征 区域中单击"平面"按钮 下的 平面 ，选择 从平面偏移 命令；选取 YZ 平面作为参考平面，输入要偏距的距离值为 87；单击 ✓ 按钮，完成工作平面 2 的创建。

步骤 05 创建图 7.8.6 所示的草图 3(建模环境)。在 三维模型 选项卡 草图 区域单击 ✎ 按钮，选工作平面 1 作为草图平面，绘制图 7.8.7 所示的草图 3（草图环境）。

图 7.8.5　工作平面 1　　　图 7.8.6　草图 3（建模环境）　　　图 7.8.7　草图 3(草图环境)

步骤 **06** 创建图 7.8.8 所示的草图 4（建模环境）。在 三维模型 选项卡 草图 区域单击 ✏ 按钮，选取 XZ 平面作为草图平面，绘制图 7.8.9 所示的草图 4（草图环境）。

图 7.8.8 草图 4(建模环境)

图 7.8.9 草图 4（草图环境）

步骤 **07** 创建图 7.8.10 所示的草图 5（建模环境）。在 三维模型 选项卡 草图 区域单击 ✏ 按钮，选取 XY 平面作为草图平面，绘制图 7.8.11 所示的草图 5（草图环境）。

图 7.8.10 草图 5（建模环境）

图 7.8.11 草图 5（草图环境）

步骤 **08** 创建图 7.8.12 所示的拉伸曲面 1。在 创建 ▾ 区域中单击 按钮，在"拉伸"对话框 输出 区域中将输出类型设置为"曲面" ；在 范围 区域的下拉列表中选择 距离 选项，输入距离值为 80.0，并将拉伸类型设置为"方向 1" 类型 。选取图 7.8.13 所示的曲线作为截面轮廓。单击"拉伸"对话框中的 确定 按钮，完成拉伸曲面 1 的创建。

图 7.8.12 拉伸曲面 1

选择此曲线

图 7.8.13 选取截面轮廓

步骤 **09** 创建图 7.8.14 所示的拉伸曲面 2。在 创建 ▾ 区域中单击 按钮，在"拉伸"对话框 输出 区域中将输出类型设置为"曲面" ；在 范围 区域的下拉列表中选择 距离 选项，输入距离值为 60.0，并将拉伸类型设置为"对称" 类型 。选取图 7.8.15 所示的曲线作为截面轮廓。单击"拉伸"对话框中的 确定 按钮，完成拉伸曲面 2 的创建。

步骤 **10** 创建图 7.8.16 所示的拉伸曲面 3。在 创建 ▾ 区域中单击 按钮，在"拉伸"

对话框 输出 区域中将输出类型设置为"曲面" ；在 范围 区域的下拉列表中选择 距离 选项，输入距离值为 80.0，并将拉伸类型设置为"方向 1" 类型 。选取图 7.8.17 所示的曲线作为截面轮廓。单击"拉伸"对话框中的 确定 按钮，完成拉伸曲面 3 的创建。

图 7.8.14　拉伸曲面 2

图 7.8.15　选取截面轮廓

图 7.8.16　拉伸曲面 3

图 7.8.17　选取截面轮廓

步骤 11　创建图 7.8.18 所示的相交曲线 1。单击 草图 区域中的 创建二维草图 按钮，选择 创建三维草图 命令，系统进入三维草图环境。单击 绘制 ▼ 区域中的"相交曲线"按钮 ，选取图 7.8.19 所示拉伸曲面 3 与拉伸曲面 2 为相交的对象。单击 确定 按钮，完成相交曲线 1 的创建。

图 7.8.18　相交曲线 1

图 7.8.19　选取相交对象

步骤 12　创建图 7.8.20 所示的相交曲线 2。单击 绘制 ▼ 区域中的"相交曲线"按钮 ，选取图 7.8.21 所示拉伸曲面 1 与拉伸曲面 2 为相交的对象。单击 确定 按钮，完成相交曲线 2 的创建。

创建此曲线

选取这两个面

图 7.8.20　相交曲线 2　　　　　图 7.8.21　选取相交对象

步骤 13 创建图 7.8.22 所示的拉伸曲面 4。在 创建 ▾ 区域中单击 按钮，在"拉伸"对话框 输出 区域中将输出类型设置为"曲面" ；在 范围 区域的下拉列表中选择 距离 选项，输入距离值为 115，并将拉伸类型设置为"方向 1" 类型 。选取图 7.8.23 所示的草图 3 作为截面轮廓。单击"拉伸"对话框中的 确定 按钮，完成拉伸曲面 4 的创建。

选择此草图

图 7.8.22　拉伸曲面 4　　　　　图 7.8.23　选取截面轮廓

步骤 14 创建图 7.8.24 所示的放样曲面 1。在 创建 ▾ 区域中单击 放样 按钮，在"扫掠"对话框 输出 区域确认"曲面"按钮 被按下。选取图 7.8.25 所示的截面 1 与截面 2。在"扫掠"对话框 轨道 文本框中单击，然后选取图 7.8.25 所示的轨道 1、轨道 2、轨道 3 和轨道 4。在该对话框中单击 确定 按钮，完成放样曲面 1 的创建。

轨道 3　轨道 4　轨道 1　截面 1　轨道 2　截面 2

图 7.8.24　放样曲面 1　　　　　图 7.8.25　选取放样截面与轨道

步骤 15 创建图 7.8.26 所示的拉伸曲面 5。在 创建 ▾ 区域中单击 按钮，单击 创建二维草图 按钮，选取 XY 平面作为草图平面，绘制图 7.8.27 所示的截面草图，在"拉伸"对话框 输出 区域中将输出类型设置为"曲面" ；在 范围 区域的下拉列表中选择 距离 选项，输入距离值为 70，并将拉伸类型设置为"方向 1"类型 。单击"拉伸"对话框中的按钮，完成拉伸曲面 5 的创建。

图 7.8.26　拉伸曲面 5

图 7.8.27　截面草图

步骤 16　创建图 7.8.28 所示曲面的修剪 1，在 曲面 ▼ 区域中单击 按钮；选取面 1 作为修剪工具，选取 7.8.28a 所示的面 2 与面 3 为要删除的面；单击 确定 按钮，完成曲面的修剪。

步骤 17　创建 7.8.29 所示曲面的修剪 2，在 曲面 ▼ 区域中单击 按钮；选取面 1 作为修剪工具，选取 7.8.29a 所示的面 2 为要删除的面；单击 确定 按钮，完成曲面的修剪。

图 7.8.28　修剪 1

图 7.8.29　修剪 2

步骤 18　创建图 7.8.30 所示的边界嵌片 1，在 曲面 ▼ 区域中单击 按钮，选取图 7.8.31 所示的模型边线作为边界条件；单击 确定 按钮，完成边界嵌片的创建。

步骤 19　创建图 7.8.32 所示的缝合曲面 1。在 曲面 ▼ 区域中单击 按钮，选取拉伸曲面 4、放样曲面 1、拉伸曲面 5 与边界嵌片 1 作为缝合对象；单击 应用 按钮，单击 完毕 按钮，完成缝合曲面 1 的创建。

图 7.8.30　边界嵌片 1

选取此边线

图 7.8.31　选取边界条件

步骤 **20**　创建偏移曲面 1。在 曲面 ▾ 区域中单击"加厚/偏移"按钮 ◇，选取图 7.8.33 所示的曲面为偏移曲面。在"加厚/偏移"对话框 输出 区域中选择"曲面"选项 ▯。输入偏移距离值为 3。单击 ⬆ 按钮定义偏移方向。单击 确定 按钮，完成偏移曲面 1 的创建。

图 7.8.32　缝合曲面 1

图 7.8.33　偏移曲面 1

步骤 **21**　创建图 7.8.34 所示的拉伸曲面 6。在 创建 ▾ 区域中单击 ▯ 按钮，单击 创建二维草图 按钮，选取 YZ 平面作为草图平面，绘制图 7.8.35 所示的截面草图，在"拉伸"对话框 输出 区域中将输出类型设置为"曲面" ▯；在 范围 区域的下拉列表中选择 距离 选项，输入距离值为 20，并将拉伸类型设置为"方向 1"类型 ⬈。单击"拉伸"对话框中的 确定 按钮，完成拉伸曲面 6 的创建。

图 7.8.34　拉伸曲面 6

图 7.8.35　截面草图

步骤 **22**　创建图 7.8.36 所示曲面的修剪 3。在 曲面 ▾ 区域中单击 ✂ 按钮；选取面 1（步骤 **20** 创建的偏移曲面 1）作为修剪工具，选取图 7.8.36a 所示的面 2 为要删除的面；单击 确定 按钮，完成曲面的修剪。

面 1　面 2

a）修剪前

b）修剪后

图 7.8.36　修剪 3

步骤 23 创建偏移曲面 2。在 曲面▾ 区域中单击"加厚/偏移"按钮 ⬭，选取图 7.8.37 所示的曲面为偏移曲面。在"加厚/偏移"对话框 输出 区域中选择"曲面"选项 ⬚。输入偏移距离值为 0。单击 确定 按钮，完成偏移曲面 2 的创建。

步骤 24 创建图 7.8.38 所示的拉伸曲面 7。在 创建▾ 区域中单击 ⬚ 按钮，单击 创建二维草图 按钮，选取 YZ 平面作为草图平面，绘制图 7.8.39 所示的截面草图，在"拉伸"对话框 输出 区域中将输出类型设置为"曲面" ⬚；在 范围 区域的下拉列表中选择 距离 选项，输入距离值为 20，并将拉伸类型设置为"方向 1"类型 ⬚。单击"拉伸"对话框中的 确定 按钮，完成拉伸曲面 7 的创建。

图 7.8.37 偏移曲面 2

图 7.8.38 拉伸曲面 7

图 7.8.39 截面草图

步骤 25 创建 7.8.40 所示曲面的修剪 4。在 曲面▾ 区域中单击 ✂ 按钮；选取面 1 作为修剪工具，选取图 7.8.40a 所示的面 2 为要删除的面；单击 确定 按钮，完成曲面的修剪。

a）修剪前

b）修剪后

图 7.8.40 修剪 4

步骤 26 创建图 7.8.41 所示曲面的修剪 5。在 曲面▾ 区域中单击 ✂ 按钮；选取面 1 作为修剪工具，选取图 7.8.41a 所示的面 2 为要删除的面；单击 确定 按钮，完成曲面的修剪。

a）修剪前

b）修剪后

图 7.8.41 修剪 5

步骤 **27** 创建图 7.8.42 所示的放样曲面 2。在 创建 ▼ 区域中单击 放样 按钮，选取图 7.8.43 所示的两条边分别作为截面 1 与截面 2。在"扫掠"对话框 输出 区域确认"曲面"按钮 被按下。在该对话框中单击 确定 按钮，完成放样曲面 2 的创建。

图 7.8.42 放样曲面 2

选取这两条边

图 7.8.43 选取放样截面

步骤 **28** 创建图 7.8.44 缝合曲面 2。在 曲面 ▼ 区域中单击 按钮，选取偏移曲面 1 与放样曲面 2 作为缝合对象；单击 应用 按钮，单击 完毕 按钮，完成缝合曲面 2 的创建。

步骤 **29** 在 修改 ▼ 区域中单击 分割 按钮，系统弹出"分割"对话框。在"分割"对话框中将分割类型设置为"修剪实体"选项 。选取缝合曲面 2 作为分割工具。在"分割"对话框中将删除方向设置为"方向 1"类型 。单击 确定 按钮，完成图 7.8.45 所示的分割 1 的创建。

图 7.8.44 缝合曲面 2

图 7.8.45 分割 1

步骤 **30** 创建图 7.8.46 所示的拉伸特征 1。在 创建 ▼ 区域中单击 按钮，选取图 7.8.47 所示的模型表面作为草图平面，绘制图 7.8.48 所示的截面草图，在"拉伸"对话框中将布尔运算设置为"求差"类型 ，然后在 范围 区域中的下拉列表中选择 距离 选项，在"距离"下拉列表中输入数值 4，将拉伸方向设置为"方向 2"类型 。单击"拉伸"对话框中的 确定 按钮，完成拉伸特征 1 的创建。

图 7.8.46 拉伸特征 1

草图平面

图 7.8.47 定义草图平面

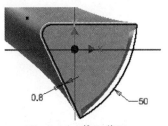

0.8   50

图 7.8.48 截面草图

步骤 **31** 创建图 7.8.49 所示的拉伸特征 2。在 创建 ▾ 区域中单击 按钮，选取 YZ 平面作为草图平面，绘制图 7.8.50 所示的截面草图，在"拉伸"对话框中将布尔运算设置为 "求差"类型 ，然后在 范围 区域中的下拉列表中选择 距离 选项，在"距离"下拉列表中输入数值 8，将拉伸方向设置为"方向 1"类型 。单击"拉伸"对话框中的 确定 按钮，完成拉伸特征 2 的创建。

图 7.8.49 拉伸特征 2

图 7.8.50 截面草图

步骤 **32** 创建图 7.8.51 所示的拉伸特征 3。在 创建 ▾ 区域中单击 按钮，选取图 7.8.51 所示的模型表面作为草图平面，绘制图 7.8.52 所示的截面草图，在"拉伸"对话框中将布尔运算设置为"求差"类型 ，然后在 范围 区域中的下拉列表中选择 距离 选项，在 "距离"下拉列表中输入数值 19，将拉伸方向设置为"方向 2"类型 。单击"拉伸"对话框中的 确定 按钮，完成拉伸特征 3 的创建。

图 7.8.51 拉伸特征 3

图 7.8.52 截面草图

步骤 **33** 创建图 7.8.53 所示的孔特征 1。

（1）选择命令，在 修改 ▾ 区域中单击"孔"按钮 。

（2）定义孔的放置方式及参考。在"孔"对话框 放置 区域的下拉列表中选择 ◎ 同心 选项，在系统的提示下选取图 7.8.54 所示的模型表面为孔的放置面，选取图 7.8.54 所示的边线为定位参考。

图 7.8.53 孔特征 1

图 7.8.54 定义孔的放置面

（3）定义孔的样式及类型。在"孔"对话框中确认"直孔" 与"螺纹孔" 被选中。

（4）定义孔参数。在"孔"对话框 终止方式 区域的下拉列表中选择 到 选项，选取图 7.8.55 所示的孔的终止面。在"孔"对话框 螺纹 区域设置图 7.8.56 所示的参数，在"孔"对话框孔预览图像区域输入图 7.8.57 所示的螺纹深度。

（5）单击"孔"对话框中的 确定 按钮，完成孔特征 1 的创建。

图 7.8.55　孔的终止面

图 7.8.56　定义孔参数

图 7.8.57　螺纹深度

步骤 34 创建图 7.8.58 所示的孔特征 2。

（1）选择命令，在 修改 ▼ 区域中单击"孔"按钮 。

（2）定义孔的放置方式及参考。在"孔"对话框 放置 区域的下拉列表中选择 ◎ 同心 选项，在系统的提示下选取图 7.8.59 所示的模型表面为孔的放置面，选取图 7.8.59 所示的边线为定位参考。

图 7.8.58　孔特征 2

图 7.8.59　定义孔的放置面

（3）定义孔的样式及类型。在"孔"对话框中确认"直孔" 与"螺纹孔" 被选中。

（4）定义孔参数。在"孔"对话框 终止方式 区域的下拉列表中选择 距离 选项，在"孔"对话框 螺纹 区域设置图 7.8.60 所示的参数，在"孔"对话框孔预览图像区域输入图 7.8.61 所示的螺纹深度。

（5）单击"孔"对话框中的 确定 按钮，完成孔特征 2 的创建。

图 7.8.60　定义孔参数

图 7.8.61　螺纹深度

步骤 35 创建图 7.8.62 所示的镜像 1。在 阵列 区域中单击"镜像"按钮 ▷◁ ，选取"孔 2"为要镜像的特征，然后选取 XZ 平面作为镜像中心平面，单击"镜像"对话框中的 确定 按钮，完成镜像操作。

步骤 36 创建图 7.8.63 所示的工作平面 2。在 定位特征 区域中单击"平面"按钮 ▯ 下的 平面 ，选择 ▯ 从平面偏移 命令；选取 XZ 平面作为参考平面，输入要偏距的距离值为-12.5；单击 ✓ 按钮，完成工作平面 2 的创建。

图 7.8.62　镜像 1

图 7.8.63　工作平面 2

步骤 37 创建图 7.8.64 所示的拉伸特征 4。在 创建 ▾ 区域中单击 ▯ 按钮，选取工作平面 2 作为草图平面，绘制图 7.8.65 所示的截面草图，在 范围 区域的下拉列表中选择 到 选项，选取图 7.8.66 所示的面。单击"拉伸"对话框中的 确定 按钮，完成拉伸特征 4 的创建。

图 7.8.64　拉伸特征 4

图 7.8.65　截面草图

图 7.8.66　选取终止面

步骤 38 创建图 7.8.67 所示的孔特征 3。

（1）选择命令，在 修改 ▾ 区域中单击"孔"按钮 ◎ 。

（2）定义孔的放置方式及参考。在"孔"对话框 放置 区域的下拉列表中选择 ◎ 🗐🗓 选项，在系统的提示下选取图 7.8.68 所示的模型表面为孔的放置面，选取图 7.82.68 所示的边线为定位参考。

图 7.8.67　孔特征 3

图 7.8.68　定义孔的放置面

（3）定义孔的样式及类型。在"孔"对话框中确认"直孔" ▮▮ 与"简单孔" ▮▮▮ 被选中。

（4）定义孔参数。在"孔"对话框 终止方式 区域的下拉列表中选择 贯通 选项，在"孔"对话框孔预览图像区域输入孔的直径值为 6。

（5）单击"孔"对话框中的 确定 按钮，完成孔特征 3 的创建。

步骤 **39** 参照 步骤 **38** 创建图 7.8.69 所示的孔特征 4。

图 7.8.69　孔特征 4

步骤 **40** 创建图 7.8.70b 所示的圆角 1。选取图 7.8.70a 所示的模型边线为倒圆角对象，输入倒圆角半径值为 0.5。

a）倒圆角前

b）倒圆角后

图 7.8.70　圆角 1

步骤 **41** 保存零件模型。

7.8.2　曲面设计综合应用二

案例概述

本实例主要讲述了一款肥皂的创建过程，在整个设计过程中运用了曲面拉伸、旋转、缝合、扫描、倒圆角等命令。零件模型如图 7.8.71 所示。

　　　　　本案例的详细操作过程请参见随书光盘中 video\ch07\文件下的语音视频讲解文件。模型文件为 D:\invsc14\work\ch07.08\soap.ipt。

7.8.3　曲面设计综合应用三

案例概述

　　本案例主要介绍水嘴旋钮的设计过程。通过学习本例，读者可以掌握一般曲面创建的思路：先创建一系列草绘曲线，再利用草绘曲线构建出多个曲面，然后利用缝合等工具将曲面合并成一个整体曲面，最后将整体曲面转变成实体模型。零件模型如图 7.8.72 所示。

图 7.8.71　肥皂

A

从 A 向查看

图 7.8.72　水嘴旋钮

　　　　　本案例的详细操作过程请参见随书光盘中 video\ch07\文件下的语音视频讲解文件。模型文件为 D:\invsc14\work\ch07.08\faucet_knob.ipt。

7.8.4　曲面设计综合应用四

案例概述

　　本实例介绍了垃圾箱上盖的设计过程，该模型的难点在于模型两侧曲面的创建及模型底部外形的创建。而本例中对于这两点的处理只是运用了非常基础的命令。希望通过对本实例的学习读者能对简单命令有更好的理解。零件模型如图 7.8.73 所示。

图 7.8.73　垃圾箱上盖

本案例的详细操作过程请参见随书光盘中 video\ch07\文件下的语音视频讲解文件。模型文件为 D:\invsc14\work\ch07.08\disbin_cover.ipt。

7.8.5　曲面设计综合应用五

案例概述

本实例的建模思路是先创建几条草绘曲线，然后通过绘制的草绘曲线构建曲面，最后将构建的曲面加厚以及添加圆角等特征，用到的有放样曲面、边界嵌片、修剪、缝合以及加厚等特征命令。零件模型如图 7.8.74 所示。

图 7.8.74　鼠标盖

本案例的详细操作过程请参见随书光盘中 video\ch07\文件下的语音视频讲解文件。模型文件为 D:\invsc14\work\ch07.08\MOUSE_SURFACE.ipt。

7.8.6　曲面设计综合应用六

案例概述

本范例主要介绍充电器上盖的设计过程。通过本例，读者可以掌握一般曲面创建的思路：先创建一系列草绘曲线，再利用草绘曲线构建出多个曲面，然后利用缝合等工具将曲面合并成一个整体曲面，最后将整体曲面转变成实体模型。零件模型如图 7.8.75 所示。

A
从 A 向查看

图 7.8.75　充电器上盖

本案例的详细操作过程请参见随书光盘中 video\ch07\文件下的语音视频讲解文件。模型文件为 D:\invsc14\work\ch07.08\upper_cover.ipt。

7.8.7 曲面设计综合应用七

案例概述

本案例充分运用了曲面实体化、边界混合、投影、扫描、镜像、阵列及抽壳等特征命令，读者在学习设计此零件的过程中应灵活运用这些特征，注意方向的选择以及参考的选择。零件模型如图 7.8.76 所示。

 本案例的详细操作过程请参见随书光盘中 video\ch07\文件下的语音视频讲解文件。模型文件为 D:\invsc14\work\ch07.08\PANEL.ipt。

A 向

从 A 向查看

图 7.8.76　控制面板

第 8 章　工程图设计

8.1　工程图的组成

在学习本节前，请打开文件 D:\invsc14\work\ch08.01\base.idw（图 8.1.1）。Inventor 的工程图主要由如下三部分组成。

◆ 视图：包括标准视图（前视图、后视图、左视图、右视图、仰视图、俯视图和轴测图）和各种派生视图（剖视图、局部放大图、折断视图等）。在制作工程图时，根据零件的特点，选择不同的视图组合，以便简洁地将设计参数和生产要求表达清楚。

◆ 尺寸、公差、表面粗糙度及注释文本：包括形状尺寸、位置尺寸、尺寸公差、基准符号、形状公差、位置公差、零件的表面粗糙度以及注释文本。

◆ 图框、标题栏等。

图 8.1.1　工程图

8.2　工程图环境中的功能选项卡

打开文件 D:\invsc14\work\ch08.01\base.idw，进入工程图环境，此时系统功能区的选项卡将会发生一些变化，如图 8.2.1 所示。下面对工程图环境中放置视图选项卡中较为常用的工具进行介绍。

1. "放置视图"选项卡

图 8.2.1 "放置视图"选项卡

图 8.2.1 所示的"放置视图"选项卡中的各按钮说明如下。

A1: 用于创建第一个基础视图。

A2: 用于创建基于基础视图或其他视图的正交视图或等轴测视图。

A3: 用于创建沿选定的边或直线垂直的方向投影得到的视图。

A4: 用于创建通过绘制一条直线定义一个平面以切割零件或部件而创建的视图。

A5: 用于创建某个工程视图中局部结构的放大视图。

A6: 用于创建使用多个位置表达的视图，此视图显示同一个部件的多个位置。

A7: 用于创建包含一个或多个关联二维草图的视图，此视图不是由三维零件创建的。

A8: 用于创建断裂画法视图。

A9: 用于创建局部剖视图。

A10: 用于创建断面视图。

A11: 用于对视图执行修剪操作。

A12: 用于在两个工程视图之间创建水平对齐关系。

A13：用于在两个工程视图之间创建竖直对齐关系。

A14：用于在两个工程视图之间创建非水平和竖直的对齐关系。

A15：用于删除两个工程视图之间的对齐关系。

A16：用于在工程图纸或激活的视图中创建二维草图。

A17：用于添加新的图纸页。

2. "标注"选项卡（图 8.2.2）

图 8.2.2　"标注"选项卡

图 8.2.2 所示的"标注"选项卡中部分按钮的说明如下。

B1：用于为工程视图添加工程图尺寸。

B2：用于标注具有同一标注基线的一系列水平或竖直尺寸。

B3：用于标注具有同一标注原点的一系列水平或竖直尺寸。

B4：用于标注一个或多个连续尺寸。

B5：用于按一定规律排列所选择的多个尺寸。

B6：用于选择需要显示在工程视图中的模型尺寸。

B7：用于添加具有指引线的孔或者螺纹尺寸。

B8：用于在选定模型边缘或草图线上放置倒角注释。

B9：用于向展开模型视图中添加冲压注释。

B10：用于创建与模型关联的折弯注释到所选定的折弯中心线上。

B11：用于在工程图的指定点上添加文本注释。

B12：用于创建具有指引线的文本注释。

B13：用于插入用户自定义的符号。

B14：用于创建通过多个特征点的中心线。

B15：用于为选定的圆弧或圆创建中心标记。

B16：用于创建对分两条边的中心线。

B17：用于为特征阵列创建环形中心线。

B18: 用于创建明细栏并将其放置在工程图中。

B19: 用于创建选定孔的参数表。

B20: 用于为工程图或工程图纸创建修订表。

B21: 用于根据数据源创建一个常规表、配置表或折弯表。

B22: 用于创建工程图中的零部件的引出序号。

B23: 用于在当前文档中选择、修改或者创建图层。

B24: 用于设置当前图层或样式。

8.3　工程图环境的设置

我国国标（GB 标准）对工程图做出了许多规定，例如尺寸文本的方位与字高、尺寸箭头的大小等都有明确的规定。下面详细介绍设置符合国标的工程图环境的一般操作步骤。

步骤 01　选择下拉菜单 ➡ 新建 ➡ 工程图 命令，系统自动进入工程图环境。

步骤 02　选择 管理 选项卡 样式和标准 区域中的"样式编辑器"命令 ，系统弹出"样式和标准编辑器"对话框。

步骤 03　单击 标准 选项下的 **默认标准 (GB)** 选项，在对话框中进行图 8.3.1 所示的设置。

图 8.3.1　"样式和标准编辑器"对话框（一）

步骤 04 单击 ⊞┡┩尺寸 选项下的 默认 (GB) 选项，在对话框中进行图 8.3.2 所示的设置。

步骤 05 在 ⊟ A 文本 选项下的 注释文本 (ISO) 选项，进行图 8.3.3 所示的设置。

 制图标准中涉及的内容较多，用户应根据实际需要，在"样式和标准编辑器"对话框选择合适的参数节点，并进行详细的参数设置。

图 8.3.2 "样式和标准编辑器"对话框（二）

图 8.3.3 "样式和标准编辑器"对话框（三）

步骤 06 单击 ▭完毕▭ 按钮，完成样式和标准的编辑。

8.4 新建工程图

下面介绍新建工程图的操作方法。

方法一：

选择下拉菜单 ▭ ➡ ▭新建 ➡ ▭工程图 命令，系统自动进入工程图环境。

方法二：

单击图 8.4.1 所示的"新建"按钮▭，系统弹出"新建文件"对话框，选择"Standard.idw"模板，单击 ▭创建▭ 按钮。

图 8.4.1 "新建"界面

方法三：

在"快速访问"命令条中单击 ▭ 后的 ▾，选择 ▭工程图 命令。

工程图视图主要用来表达部件模型的外部结构及形状，是按照三维模型的投影关系生成的。在 Inventor 的工程图模块中，视图包括基本视图、各种剖视图、局部视图、相对视图和折断视图等。下面分别以具体的实例来介绍各种视图的创建方法。

8.5 工程图视图

8.5.1 基本视图

基本视图包括主视图和投影视图，下面将分别介绍。

1. 创建主视图

下面以 base.ipt 零件模型的主视图为例（图 8.5.1），说明创建主视图的一般操作步骤。

图 8.5.1   零件模型的主视图

步骤 01 新建一个工程图文件。选择下拉菜单 **I.** ➡ 新建 ➡ 工程图 命令，系统自动进入工程图环境。

步骤 02 选择命令。单击 放置视图 选项卡 创建 区域中的"基础视图"按钮，系统弹出"工程视图"对话框。

步骤 03 选择零件模型。在"工程视图"对话框中单击"打开现有文件"按钮，系统弹出"打开"对话框，在 查找范围(I): 下拉列表中选择目录 D:\invsc14\work\ch08.05.01，然后选择 base.ipt，单击 打开(O) 按钮。

步骤 04 定义视图参数。

（1）在"工程视图"对话框中的 方向(O) 区域中选中 左视图 选项，此时在图纸区会出现左视图的预览图。

（2）定义视图比例。在 视图/比例标签 区域 缩放比例 文本框中输入 1:1，如图 8.5.2 所示。

（3）取消自动创建投影视图。在"工程视图"对话框中的设置如图 8.5.3 所示。

如果在生成主视图之前，选中 ☑ 复选框，则在生成一个视图之后会继续生成其投影视图。

（4）定义视图样式。在 样式(T) 区域中选中"不显示隐藏线"选项，如图 8.5.4 所示。

图 8.5.2   "视图/比例标签"区域

图 8.5.3   取消自动创建投影视图

图 8.5.4   样式区域

（5）定义显示选项。在"工程视图"对话框中单击 显示选项 选项卡，选中 ☑ 相切边 复选项。

步骤 05 放置视图。在图纸区选择合适的放置位置单击，以生成主视图。

2. 创建投影视图

投影视图包括仰视图、俯视图、右视图和左视图。下面紧接着上面的操作，以图 8.5.5 所示的视图为例，说明创建投影视图的一般操作步骤。

步骤 01 选择命令。单击 放置视图 选项卡 创建 区域中的"投影视图"按钮 。

步骤 02 在系统 选择视图 的提示下，选取图 8.5.5 中的主视图作为投影的父视图。

步骤 03 放置视图。在主视图的正右方单击，生成左视图；在主视图的正下方单击，生成俯视图；在主视图的右下方单击，生成轴测图。

步骤 04 在图纸区右击，系统弹出快捷菜单，选择 创建(C) 命令完成操作。

图 8.5.5　创建投影视图

8.5.2　视图基本操作

1. 移动视图

在创建完主视图和投影视图后，如果它们在图纸上的位置不合适、视图间距太小或太大，用户可以根据自己的需要移动视图，具体方法为：将鼠标停放在视图的虚线框上，此时光标会变成 （左视图）、 （俯视图）或者 （轴测图），按住鼠标左键并移动至合适的位置后放开。

2. 对齐视图

根据"长对正、高平齐"的原则（俯视图、仰视图与主视图竖直对齐，左视图、右视图与主视图水平对齐），用户移动投影视图时，只能横向或纵向移动视图。如果需要将投影视图移动到任一位置，则需要断开其对齐关系。操作方法：首先选中要移动的投影视图，然后选择 放置视图 选项卡 修改 区域中的"断开对齐"命令 ，将视图之间的对齐约束关系删除后，即可移动该投影视图到图纸区的任意位置。

3. 删除视图

要将某个视图删除，可先选中该视图，然后按下键盘上的 Delete 键，系统弹出图 8.5.6 所示的"Autodesk Inventor Professional 2014"对话框，单击 确定 按钮即可删除该视图。

图 8.5.6 "Autodesk Inventor Professional 2014"对话框

如果要删除的视图存在与其关联的视图，系统会弹出图 8.5.7 所示的"删除视图"对话框（一），直接单击 确定 按钮即可删除主视图及其从属视图。如果需要保留个别的从属视图，用户可以单击该对话框中的 >> 按钮，此时对话框显示如图 8.5.8 所示，然后单击 删除 属性列下的 是 ，使其变成 否 ，即可保留所对应的从属视图。

图 8.5.7 "删除视图"对话框（一）

图 8.5.8 "删除视图"对话框（二）

8.5.3 视图的显示方式

在 Inventor 工程图模块中双击工程图视图，利用系统弹出的"工程视图"对话框可以设置视图的显示模式。下面介绍几种一般的显示模式。

（不显示隐藏线）：视图中的不可见边线不显示，如图 8.5.9 所示。

（显示隐藏线）：视图中的不可见边线以虚线显示，如图 8.5.10 所示。

（着色）：用于控制视图是否显示着色状态，当被选中时效果如图 8.5.11 所示；

图 8.5.9 "不显示隐藏线"方式　　图 8.5.10 "显示隐藏线"方式　　图 8.5.11 "着色"方式

下面以图 8.5.10 为例，说明如何将视图设置为"隐藏线可见"显示状态。

（步骤 01）打开文件 D:\invsc14\work\ch08.05.03\base.idw。

（步骤 02）在浏览器中选择 视图1:base.ipt 并右击，在系统弹出的快捷菜单中选择 编辑视图(E)... 命令（或在视图上双击），系统弹出"工程视图"对话框。

（步骤 03）在"工程视图"对话框的 样式(T) 区域中单击"显示隐藏线"按钮 ，单击 确定 按钮，完成操作。

在生成投影视图后，如果改变父视图的显示状态，与其保持关联的从属视图的显示状态也会相应地发生变化。

8.5.4　斜视图

斜视图类似于投影视图，但它是平行于现有视图中参考边线的展开视图，其投影方向与水平和竖直存在一定的夹角。下面以图 8.5.12 为例，说明创建斜视图的一般操作步骤。

（步骤 01）打开文件 D:\invsc14\work\ch08.05.04\skew-view.idw。

（步骤 02）选择命令。单击 放置视图 功能选项卡 创建 区域中的"斜视图"按钮 。

（步骤 03）选取投影父视图。在系统 选择视图 的提示下，选取图 8.5.12 中的主视图作为投影的父视图，系统弹出图 8.5.13 所示的"斜视图"对话框。

图 8.5.12　创建斜视图　　　　　　图 8.5.13　"斜视图"对话框

步骤 **04** 定义视图标识符。在"斜视图"对话框的 视图标识符 文本框中输入视图标识符A。

步骤 **05** 选择参考线。在系统 选择线性模型边以定义视图方向 的提示下，选取图 8.5.12 所示的边线作为投影的参考边线。

步骤 **06** 放置视图。在图纸区选择合适的位置单击，生成视图并调整其位置。

8.5.5 创建全剖视图

全剖视图是用剖切面完全地剖开零件所得到的剖视图。下面以图 8.5.14 为例，说明创建全剖视图的一般操作步骤。

图 8.5.14 创建全剖视图

步骤 **01** 打开文件 D:\invsc14\work\ch08.05.05\complete-cut-view. idw。

步骤 **02** 选择命令。单击 放置视图 功能选项卡 创建 区域中的"剖视"按钮 。

步骤 **03** 选取剖切父视图。在系统 选择视图或视图草图 的提示下，选取图 8.5.14 中的主视图作为剖切的父视图。

步骤 **04** 绘制剖切线。绘制图 8.5.15 所示的直线作为剖切线，绘制完成后右击选择 继续(C) 命令，系统弹出图 8.5.16 所示的"剖视图"对话框。

图 8.5.15 绘制剖切线

图 8.5.16 "剖视图"对话框

步骤 05　在"剖视图"对话框的 视图标识符 文本框中输入视图标识符 A。

步骤 06　放置视图。在图纸区选择合适的位置单击，生成全剖视图。

8.5.6　创建半剖视图

下面以图 8.5.17 为例，说明创建半剖视图的一般操作步骤。

步骤 01　打开工程图文件 D:\invsc14\work\ch08.05.06\half-cut-view. idw。

步骤 02　选择命令。单击 放置视图 功能选项卡 创建 区域中的"剖视"按钮 。

步骤 03　选取剖切父视图。在系统 选择视图或视图草图 的提示下，选取图 8.5.17 中的主视图作为剖切的父视图。

步骤 04　绘制剖切线。绘制图 8.5.18 所示的直线 1 与直线 2 作为剖切线，绘制完成后右击鼠标选择 继续(C) 命令，系统"剖视图"对话框。

步骤 05　在"剖视图"对话框的 视图标识符 文本框中输入视图标识符 A。

步骤 06　放置视图。在图纸区选择合适的位置单击，生成半剖视图。

图 8.5.17　创建半剖视图　　　　　图 8.5.18　绘制剖切线

8.5.7　创建阶梯剖视图

阶梯剖视图属于 2D 截面视图，它与全剖视图在本质上没有区别，但它的截面是偏距截面，创建阶梯剖视图的关键是创建好偏距截面，可以根据不同的需要创建偏距截面来实现阶梯剖视图，以达到充分表达视图的需要。下面以图 8.5.19 为例，说明创建阶梯剖视图的一般操作步骤。

步骤 01　打开文件 D:\invsc14\work\ch08.05.07\step-cut-view. idw。

步骤 02　选择命令。单击 放置视图 功能选项卡 创建 区域中的"剖视"按钮 。

步骤 **03** 选取剖切父视图。在系统 选择视图或视图草图 的提示下，选取图 8.5.19 中的主视图作为剖切的父视图。

步骤 **04** 绘制剖切线。绘制图 8.5.20 所示的折线作为剖切线，绘制完成后右击选择 继续 ⒞ 命令，系统弹出"剖视图"对话框。

图 8.5.19　创建阶梯剖视图　　　　图 8.5.20　绘制剖切线

步骤 **05** 在"剖视图"对话框的 视图标识符 文本框中输入视图标识符 A。

步骤 **06** 放置视图。在图纸区选择合适的位置单击，生成阶梯剖视图。

8.5.8　创建旋转剖视图

旋转剖视图是完整的截面视图，但它的截面是一个相交截面，其显示结果为绕相交轴线展开的截面视图。下面以图 8.5.22 为例，说明创建旋转剖视图的一般操作步骤。

步骤 **01** 打开工程图文件 D:\invsc14\work\ch08.05.08\revolve-cut-view. idw。

步骤 **02** 选择命令。单击 放置视图 功能选项卡 创建 区域中的"剖视"按钮 。

步骤 **03** 选取剖切父视图。在系统 选择视图或视图草图 的提示下，选取图 8.5.22 中的主视图作为剖切的父视图。

步骤 **04** 绘制剖切线。绘制图 8.5.23 所示的两条直线作为剖切线，绘制完成后右击鼠标选择 继续 ⒞ 命令，系统弹出"剖视图"对话框。

步骤 **05** 在"剖视图"对话框的 视图标识符 文本框中输入视图标识符 A。

步骤 **06** 放置视图。在图纸区选择合适的位置单击，生成旋转剖视图。

图 8.5.22　创建旋转剖视图　　　　图 8.5.23　绘制剖切线

8.5.9　创建局部剖视图

局部剖视图是用剖切面局部地剖开机件的某部分所得的剖视图。下面以图 8.5.24 为例，说明创建局部剖视图的一般操作步骤。

步骤 01 打开文件 D:\invsc14\work\ch08.05.09\part-cut -view.idw。

步骤 02 绘制剖切范围。在图纸区选取图 8.5.24 所示的视图为要创建局部剖视图的视图，然后选择 放置视图 选项卡 草图 区域中的"创建草图"命令 ，绘制图 8.5.25 所示的样条曲线作为剖切范围。

步骤 03 选择命令。单击 放置视图 功能选项卡 修改 区域中的"局部剖视图"按钮 。

步骤 04 选取剖切父视图。在系统 选择视图 的提示下，选取图 8.5.24 中的主视图作为剖切的父视图，系统弹出图 8.5.26 所示的"局部剖视图"对话框。

步骤 05 定义深度参考。在"局部剖视图"对话框 深度 区域的下拉列表中选择 自点 选项，然后选择图 8.5.25 所示的点作为深度参考。

步骤 06 单击"局部剖视图"对话框中的 确定 按钮，完成局部剖视图的创建。

图 8.5.24　创建局部剖视图

图 8.5.25　绘制剖切范围

图 8.5.26　"局部剖视图"对话框

在绘制草图曲线时，一定要确保绘制在要创建局部剖视的视图中，且是一条封闭曲线，否则将无法创建局部剖视图。如果视图中仅存在一条封闭曲线，系统会自动选中该曲线作为剖切截面轮廓，否则，用户需要从其中选择一条封闭曲线作为剖切范围。

8.5.10 创建局部放大图

局部放大图是将机件的部分结构用大于原图形所采用的比例生成的图形，根据需要可以生成视图、剖视图和断面图，放置时应尽量放在被放大部位的附近。下面以图 8.5.27 为例，说明创建局部放大图的一般操作步骤。

步骤 01 打开文件 D:\invsc14\work\ch08.05.10\part-detailed.idw。

步骤 02 选择命令。单击 放置视图 功能选项卡 创建 区域中的"局部视图"按钮 。

步骤 03 选取父视图。在系统 选择视图 的提示下，选取图 8.5.27 中的剖视图作为局部视图的父视图，系统弹出图 8.5.28 所示的"局部视图"对话框。

图 8.5.27 创建局部放大图　　　　　图 8.5.28 "局部视图"对话框

步骤 04 在"剖视图"对话框的 视图标识符 文本框中输入视图标识符 I。在 缩放比例 文本框中输入比例 4:1，在 镂空形状 区域选择 按钮。

步骤 05 绘制局部范围。绘制图 8.5.27 所示的圆作为剖切范围。

步骤 06 放置视图。在图纸区选择合适的位置单击，完成局部视图的创建。

8.5.11 断裂视图

在机械制图中，经常遇到一些细长形的零组件，若要整个反映零件的尺寸形状，需用大幅面的图纸来绘制。为了既节省图纸幅面，又可以反映零件形状尺寸，在实际绘图中常采用断裂视图。断裂视图指的是从零件视图中删除选定两点之间的视图部分，将余下的两部分合并成一个带打断线的视图。下面以图 8.5.29 为例，说明创建断裂视图的一般操作步骤。

步骤 01 打开文件 D:\invsc14\work\ch08.05.11\broken-view.idw。

步骤 02 选择命令。单击 放置视图 功能选项卡 修改 区域中的"断裂画法"按钮 。

步骤 03 选取要断裂的视图，在系统 选择视图 的提示下，选取图 8.5.30 中的主视图作为断裂视图的父视图，系统弹出图 8.5.31 所示的"断开"对话框。

图 8.5.29 创建断裂视图

图 8.5.30 选择断裂视图和放置打断线

图 8.5.31 "断开"对话框

步骤 04 在"断开"对话框 样式 区域中选择构造样式；方向为"水平"选项 ；在 间隙 区域的文本框中输入数值 12，如图 8.5.31 所示。

步骤 05 放置第一条打断线，如图 8.5.30 所示。

步骤 06 放置第二条打断线。如图 8.5.30 所示。

图 8.5.31 所示的"断开"对话框中部分选项的说明如下。

◆ （矩形样式）选项：使用锯齿形的打断线创建打断，如图 8.5.32 所示。

◆ （构造样式）选项：使用用户定义样式的打断线创建打断，如图 8.5.33 所示。

图 8.5.32 矩形样式

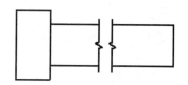

图 8.5.33 构造样式

◆ （水平）选项：用于设置沿水平方向进行打断。

◆ （竖直）选项：用于设置沿竖直方向进行打断。

◆ 间隙 文本框：用于指定断开视图中的断开之间的距离。

◆ 符号 文本框：用于指定所选打断的打断符号数，每处打断最多允许 3 个。

◆ ☑ 传递给父视图 选项：如果选中此选项，则将打断操作扩展到父视图。

8.5.12　断面图

断面图常用在只需表达零件断面的场合下，这样可以使视图简化，又能使视图所表达的零件结构清晰易懂。下面介绍创建图 8.5.34 所示的断面图的操作过程。

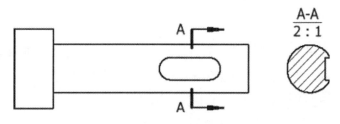

图 8.5.34　创建断面图

步骤 **01**　打开文件 D:\invsc14\work\ch08.05.12\section-view.idw。

步骤 **02**　选择命令。单击 放置视图 功能选项卡 创建 区域中的"剖视"按钮 📐。

步骤 **03**　选取剖切父视图。在系统 选择视图或视图草图 的提示下，选取图 8.5.34 中的主视图作为剖切的父视图。

步骤 **04**　绘制剖切线。绘制图 8.5.35 所示的直线作为剖切线，绘制完成后右击选择 继续(C) 命令。

剖切线

图 8.5.35　创建断面图

步骤 **05**　在"剖视图"对话框的 视图标识符 文本框中输入视图标识符 A，在 断面图 区域选中 ☑ 包括断面图 与 ☑ 剖切整个零件 复选框。

步骤 **06**　放置视图。在图纸区选择合适的位置单击，生成断面图。

8.6　工程图标注

工程图中的尺寸标注是与模型相关联的，而且模型中的尺寸修改会反映到工程图中。尺寸标注的好坏直接影响到图纸数据的准确性和在制造中的可行性。Inventor 工程图模块主要通过图 8.6.1 所示的"尺寸"按钮区中的按钮进行尺寸标注。

8.6.1 尺寸标注

下面以模型 dimension.ipt 为例，介绍几种常用的手动标注的尺寸类型，首先打开文件 D:\invsc14\work\ch08.06.01\dimension.idw。

1. 通用尺寸标注

通用尺寸标注用来标注任意单一元素或任意两个元素间的距离或角度等尺寸。尺寸的类型取决于所选取的对象元素。下面以图 8.6.2 为例，说明通用尺寸标注的一般过程。

步骤01 选择命令。单击图 8.6.1 所示的 标注 功能选项卡 尺寸 区域中的"尺寸"按钮 。

图 8.6.1 "尺寸"按钮区

图 8.6.2 通用尺寸标注

步骤02 标注水平尺寸。选取图 8.6.3 所示的两条边线，然后选择合适的位置放置尺寸。系统弹出"编辑尺寸"对话框，单击该对话框中 确定 的按钮，完成尺寸的标注。

图 8.6.3 标注水平尺寸

步骤03 标注如图 8.6.2 中所示的其他尺寸。

2. 基线尺寸标注

下面以图 8.6.5 为例，说明基线尺寸标注的一般操作步骤。

步骤01 选择命令。单击 标注 功能选项卡 尺寸 区域中的"基线"按钮 基线 。

步骤02 依次选取图 8.6.6 所示的直线 1、圆 1、圆 2、圆 3 和直线 2。

步骤 04 在图纸区右击鼠标选择 继续(C) 命令，然后选择合适的位置放置尺寸。

步骤 05 右击鼠标选择 创建(C) 命令，完成基线尺寸标注的创建。

图 8.6.5 基线尺寸标注   图 8.6.6 选取标注对象

3. 同基准尺寸标注

下面以图 8.6.7 为例，说明同基准尺寸标注的一般操作步骤。

步骤 01 选择命令。单击 标注 功能选项卡 尺寸 区域中的"同基准"按钮 同基准 ▼ 。

步骤 02 选择视图。在系统 选择视图 的提示下，选取主视图作为要标注尺寸的视图。

步骤 03 选择原点位置。在系统 选择原点位置 的提示下，选取图 8.6.8 所示的直线 1 的下部端点。

步骤 04 依次选取图 8.6.8 所示的直线 1、圆 1、圆 2、圆 3 和直线 2。

步骤 05 在图纸区右击鼠标选择 继续(C) 命令，然后选择合适的位置放置尺寸。

图 8.6.7 同基准尺寸标注   图 8.6.8 选取标注对象

4. 连续尺寸标注

下面以图 8.6.9 为例，说明连续尺寸标注的一般操作步骤。

步骤 01 选择命令。单击 标注 功能选项卡 尺寸 区域中的"连续尺寸"按钮 连续尺寸 ▼ 。

步骤 02　在系统 选择模型或草图几何图元，或选择基准尺寸 的提示下，依次选取图 8.6.10 所示的直线 1、圆 1、圆 2、圆 3 和直线 2。

步骤 03　在图纸区右击鼠标选择 继续(C) 命令，然后选择合适的位置放置尺寸。

步骤 04　在图纸区右击鼠标选择 创建(C) 命令，完成连续尺寸标注的创建。

图 8.6.9　连续尺寸标注

图 8.6.10　选取标注对象

5. 孔或螺纹标注

下面以图 8.6.11 为例，说明孔和螺纹标注的一般操作步骤。

步骤 01　选择命令。单击 标注 功能选项卡 特征注释 区域中的"孔和螺纹"按钮 。

步骤 02　在系统 选择孔或螺纹的特征边 的提示下，选取图 8.6.12 所示的螺纹，然后选择合适的位置放置尺寸。

图 8.6.11　螺纹标注

图 8.6.12　选取标注对象

6. 倒角尺寸标注

下面以图 8.6.13 为例，说明倒角标注的一般操作步骤。

图 8.6.13　标注倒角尺寸

图 8.6.14　选取标注对象

步骤 01 单击 标注 功能选项卡 特征注释 区域中的"倒角"按钮 = / 倒角 。

步骤 02 在系统 选择倒角边 的提示下，选取图 8.6.14 所示的直线 1，在系统 选择引用边 的提示下，选取图 8.6.14 所示的直线 2。

步骤 03 放置尺寸。选择合适的位置单击，以放置尺寸。

步骤 04 按 ESC 键退出命令，并完成倒角尺寸的标注。

8.6.2　尺寸标注基本操作

1. 移动和删除尺寸

移动尺寸及尺寸文本有以下三种方法。

（一）移动尺寸

单击要移动尺寸的尺寸线，然后按住鼠标左键拖动即可。

（二）移动尺寸文本

单击要移动的尺寸文本，然后按住鼠标左键拖动即可。

（三）删除尺寸

选择要删除的尺寸，然后右击，在弹出的快捷菜单中选择"删除"命令或按 Delete 键，即可把尺寸删除。

2. 尺寸的编辑

（一）排列尺寸

排列尺寸是将工程图中的尺寸标注排列整齐，下面以图 8.6.15 为例，说明创建排列尺寸的一般过程。

a）排列前　　　　　　　　　　　b）排列后

图 8.6.15　排列尺寸

步骤 01 打开文件 D:\invsc14\work\ch08.06.02\dim-edit.idw。

步骤 02 选择命令。单击 标注 功能选项卡 尺寸 区域中的 "排列" 按钮 排列。

步骤 03 选择要排列的尺寸。在系统 选择要排列的尺寸 的提示下选取图 8.6.15a 所示的 4 个尺寸。

步骤 04 在图纸区右击选择 确定(Enter) 命令，完成尺寸的排列。

（二）修改尺寸属性

修改尺寸属性包括修改尺寸的精度、尺寸的显示方式、尺寸的文本、尺寸线和尺寸的公差显示等。

打开工程图 D:\invsc14\work\ch08.06.02\dim-edit. idw。双击要修改尺寸属性的尺寸(或者右击尺寸，在系统弹出的快捷菜单中选择 编辑(E)... 命令)，系统弹出 "编辑尺寸" 对话框，在 "编辑尺寸" 对话框中有 文本 选项卡(图 8.6.16)、精度和公差 选项卡(图 8.6.17)和 检验尺寸 选项卡 (图 8.6.18)，利用这三个选项卡可以修改尺寸的属性。

图 8.6.16 "文本" 选项卡

图 8.6.16 所示的 "文本" 选项卡中部分选项的说明如下。

◆ 文本 选项卡。

● 选项：用于相对于文本框的两侧定位文本。

● 选项：用于相对于文本框的顶端和底端定位文本。

● 隐藏尺寸值 选项：选择该复选框用户就可以输入尺寸值以覆盖计算值。

● 选项：用于打开 "文本格式" 对话框以访问高级文本格式选项。

● ：在光标位置插入所选定的符号。单击箭头可以从系统弹出的符号列表中选择适当的符号。

● 在创建后编辑尺寸 选项：系统默认选中该选项，此时在每次插入新的通用尺寸后都会显示"编辑尺寸"对话框，以便用户对尺寸进行编辑；若取消选中该复选框，则可以禁止在每次插入尺寸时编辑尺寸。

图 8.6.17 "精度与公差"选项卡

图 8.6.17 所示的"精度与公差"选项卡中部分选项的说明如下。

◆ 精度和公差 选项卡

● 模型值 文本框：用于显示零件模型的实际尺寸数值。

● ☐ 替代显示的值(O) 复选项：选择该复选框可以关闭模型值的显示，此时允许用户输入一个替代值。清除复选框则恢复默认的计算的模型值。

● 公差方式 区域：用于指定尺寸的公差方式，选中不同选项后，会自动激活相应的设置参数。

● 精度 区域：用于设置尺寸的精度值，包括基本单位和基本公差的精度。

图 8.6.18 所示的"检验尺寸"选项卡中部分选项的说明如下。

◆ 检验尺寸 选项卡。

● ☑ 检验尺寸 选项：用于将选定尺寸指定为检验尺寸并激活检验选项。

● 形状 区域：用于指定检验尺寸文本的周围边界。

● ⊙ 无 选项：用于指定检验尺寸文本周围无边界形状。

● ⊙ (X.XX|100%) 选项：用于指定所需的检验尺寸形状的两端为圆形。

● ⊙ ⟨X.XX|100%⟩ 选项：用于指定所需的检验尺寸形状的两端为尖形。

● 标签/检验率 区域：用于设置包含设置在尺寸值的标签与检验率。

● 标签 选项：用于设置包含放置在尺寸值左侧的文本标签。

- 选项: 用于设置包含放置在尺寸值右侧的检验百分比。
- ▪ ▾: 用于将选定的符号添加到激活的标签或检验率框中。

图 8.6.18 "检验尺寸"选项卡

8.6.3 尺寸公差标注

下面标注图 8.6.19 所示的尺寸公差，说明标注尺寸公差的一般操作步骤。

步骤 01 打开文件 D:\invsc14\work\ch08.06.03\dim-tolerance.idw。

步骤 02 选择命令。单击 标注 功能选项卡 尺寸 区域中的"尺寸"按钮 ⊢┤。

步骤 03 选取图 8.6.19 所示的直线，选择合适的位置单击，系统弹出图 8.6.20 所示的"编辑尺寸"对话框。

图 8.6.19 标注尺寸公差

步骤 04 定义公差。在"编辑尺寸"对话框的 精度和公差 选项卡中设置图 8.6.20 所示的参数。

步骤 05 单击"编辑尺寸"对话框中的 确定 按钮，完成尺寸公差的标注。

图 8.6.20 "尺寸"对话框

8.6.4 基准符号标注

下面标注图 8.6.21 所示的基准特征符号。其一般操作步骤如下。

图 8.6.21 标注基准特征符号

(步骤01) 打开文件 D:\invsc14\work\ch08.06.04\datum. idw。

(步骤02) 选择命令。单击 标注 功能选项卡 符号 区域中的 ▼ 按钮,选择"基准标识符号"命令 Ⓐ。

(步骤03) 放置基准特征符号。选取图 8.6.21 所示的边线,移动鼠标指针,在合适的位置处单击两次,系统弹出图 8.6.22 所示的"文本格式"对话框。

(步骤04) 设置参数。在"文本格式"对话框中设置图 8.6.22 所示的参数。

(步骤05) 单击 确定 按钮,然后按 Esc 键退出,完成基准特征符号的创建。

图 8.6.22 "文本格式"对话框

8.6.5 形位公差标注

形位公差包括形状公差和位置公差，是针对构成零件几何特征的点、线、面的形状和位置误差所规定的公差。下面标注图 8.6.23 所示的形位公差，其一般操作步骤如下。

步骤 01 打开文件 D:\invsc14\work\ch08.06.05\geometric-tolerance. idw。

步骤 02 选择命令。单击 **标注** 功能选项卡 **符号** 区域中的 ▼ 按钮，选择"形位公差符号"命令 ⊕.1 。

步骤 03 放置形位公差特征符号。分别选取图 8.6.23 所示的边线，单击合适的位置以放置形位公差，右击，选择 **继续(C)** 命令，系统弹出图 8.6.24 所示的"形位公差符号"对话框。

图 8.6.23 标注形位公差

图 8.6.24 "形位公差符号"对话框

步骤 04　定义形位公差。

（1）在"形位公差符号"对话框中单击 符号 区域的"项目特征符号"按钮 ⊕ ，在弹出的特征符号列表中选择 // 按钮。

（2）在 公差 文本框中输入公差值 0.05。

（3）在 基准 文本框中输入基准符号 A。

步骤 05　单击 确定 按钮，然后按 Esc 键完成形位公差的标注。

8.6.6　表面粗糙度标注

表面粗糙度是指加工表面上具有较小的间距和峰谷所组成的微观几何特征。下面标注图 8.6.25 所示的表面粗糙度，其一般操作步骤如下。

步骤 01　打开文件 D:\invsc14\work\ch8.06.06\surface-crude.idw。

步骤 02　选择命令。单击 标注 功能选项卡 符号 区域中的 ▾ 按钮，选择"粗糙度"命令 √ 。

步骤 03　放置粗糙度特征符号。选取图 8.6.25 所示的边线，然后按下键盘上的 Enter 键，系统弹出图 8.6.26 所示的"表面粗糙度"对话框。

步骤 04　定义表面粗糙度符号。在"表面粗糙度"对话框中设置图 8.6.26 所示的参数。

步骤 05　单击 确定 按钮，然后按 Esc 键退出，完成表面粗糙度的标注。

图 8.6.25　表面粗糙度的标注

图 8.6.26　放置表面粗糙度符号

8.6.7　焊接标注

焊接符号可以简单、明了地在图纸上说明焊缝的形状、几何尺寸和焊接方法。下面标注图 8.6.27 所示的焊接符号，其一般操作步骤如下。

步骤 01　打开文件 D:\invsc14\work\ch08.06.07\welding.idw。

步骤 02 创建端部填充。

（1）选择命令。单击 标注 功能选项卡 符号 区域中的 按钮，选择"端部填充"命令 ，系统弹出图 8.6.28 所示的"端部填充"对话框。

图 8.6.27 焊接标注 　　　　图 8.6.28 "端部填充"对话框

（2）在"端部填充"对话框中的 预置形状 区域选择 ，再选择图 8.6.29 所示的点，并在其上方单击,在"端部填充"对话框中设置图 8.6.28 所示的参数。

（3）单击"端部填充"对话框中的 确定 按钮，结果如图 8.6.30 所示。

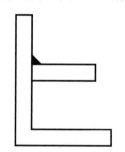

图 8.6.29 放置填充符号 　　　　图 8.6.30 端部填充符号

步骤 03 标注焊接符号。

（1）选择命令。单击 标注 功能选项卡 符号 区域中的 按钮，选择"焊接"命令 。

（2）放置焊接符号。选择图 8.6.31 所示的点，然后在合适的位置单击以确定焊接符号的放置位置，在空白区域中右击选择 继续(C) 命令，系统弹出"焊接符号"对话框，在对话框中设置图 8.6.32 所示的参数。

（3）单击 确定 按钮，然后按 Esc 键退出，完成焊接符号的标注。

图 8.6.31 放置焊接符号   图 8.6.32 设置焊接符号参数

8.6.8 注释文本标注

在工程图中，除了尺寸标注外，还应有相应的文字说明，即技术要求，如工件的热处理要求、表面处理要求等。选择 标注 功能选项卡 文本 区域中的"文本"命令 **A** 与"指引线文本"命令 **A**，可以创建带引线与不带引线文本。

1. 创建注释文本

下面创建图 8.6.33 所示的注释文本。其一般操作步骤如下。

步骤 01 打开文件 D:\invsc14\work\ch08.06.08\text. idw。

步骤 02 选择命令。选择 标注 功能选项卡 文本 区域中的"文本"命令 **A**。

步骤 03 定义注释文本位置。在系统 在某处或两角处单击 的提示下单击图纸区的合适位置，系统弹出图 8.6.34 所示的"文本格式"对话框。

步骤 04 创建文本。在系统弹出的"文本格式"对话框中输入图 8.6.34 所示的注释文本。

技术要求
1. 铸件不得有开裂，缩松和缩孔等缺陷.
2. 表面去毛刺.

图 8.6.33 创建注释文本

图 8.6.34　"文本格式"对话框

步骤 05 设定文本格式。

（1）在图 8.6.34 所示的注释文本中选取图 8.6.35 所示的文本 1，将文本大小设置为 7。

（2）在图 8.6.34 所示的注释文本中选取图 8.6.36 所示的文本 2，将文本大小设置为 5。

技术要求
1. 铸件不得有开裂，缩松和缩孔等缺陷.
2. 表面去毛刺.

技术要求
1. 铸件不得有开裂，缩松和缩孔等缺陷.
2. 表面去毛刺.

图 8.6.35　选取文本 1　　　　　　图 8.6.36　选取文本 2

步骤 06 单击 确定 按钮，然后按 Esc 键退出，完成注释文本的创建。

2．创建指引线文本

下面创建图 8.6.37 所示的指引线文本。其一般操作步骤如下。

步骤 01 选择命令。选择 标注 功能选项卡 文本 区域中的"指引线文本"命令 A。

步骤 02 定义指引线文本位置。在系统 在一个位置上单击 的提示下选取图 8.6.37 所示的圆，然后在合适的位置单击放置文本位置，按下 Enter 键，系统弹出"文本格式"对话框。

步骤 03 创建文本。在系统弹出的"文本格式"对话框中输入"此孔需要铰削加工"。

步骤 04 设定文本格式。在"文本格式"对话框中选中刚才输入的"此孔需要铰削加工"文本，如图 8.6.38 所示，在 大小 文本框中输入文本大小为 7.0。

步骤 05 单击 确定 按钮，然后按 Esc 键退出，完成注释文本的创建。

图 8.6.37 添加指引线文本　　　　　　　　图 8.6.38 选取文本

3. 注释文本的编辑

下面以图 8.6.39 为例，说明编辑文本的一般操作步骤。

步骤 01 双击要编辑的文本，系统弹出"文本格式"对话框。

步骤 02 选取文本。选取图 8.6.40 所示的文本。

步骤 03 定义文本格式。在"文本格式"对话框中单击 I 按钮。

技术要求
1. 铸件不得有开裂，缩松和缩孔等缺陷.
2. 表面去毛刺.

技术要求
1. 铸件不得有开裂，缩松和缩孔等缺陷.
2. 表面去毛刺.

图 8.6.39 编辑注释文本　　　　　　　　图 8.6.40 选取文本

步骤 04 单击"文本格式"对话框中的 确定 按钮，完成注释文本的编辑。

8.7 Inventor 软件的打印出图

打印出图是 CAD 工程设计中必不可少的一个环节。在 Inventor 软件中的工程图模块中，选择下拉菜单 ➡ 打印 命令，就可进行打印出图操作。

下面举例说明工程图打印的一般操作步骤。

步骤 01 打开工程图文件 D:\invsc14\work\ch08.07\base. idw。

步骤 02 选择命令。选择下拉菜单 ➡ 打印 命令，系统弹出"打印工程图"对话框。

步骤 03 选择打印机。在"打印工程图"对话框的 名称(N): 下拉列表中选择打印机类型为 Microsoft Office Document Image Writer 。

 说明　　　　在打印机名称下拉列表中显示的是当前计算机已安装的打印机,具体用户之间会存在差异。

步骤 04 定义页面设置。

（1）单击"打印工程图"对话框中的 特性(P)... 按钮,系统弹出图 8.7.1 所示的"Microsoft Office Document Image Writer 属性"对话框。

（2）定义打印纸张的大小。在 页面大小 下拉列表中选择 A4 选项。

（3）选择方向。在 方向 选项组中选择 ⊙ 横向(L) 单选项,单击 确定 按钮,系统返回到"打印工程图"对话框中。

图 8.7.1　"Microsoft Office Document Image Writer 属性"对话框

步骤 05 定义其他打印参数,设置完成后如图 8.7.2 所示。

图 8.7.2　"打印工程图"对话框

步骤 06 打印预览。单击"打印工程图"对话框中的 预览(V)... 按钮，可以预览工程图的打印效果。

 在 **步骤 05** 中也可直接单击 确定 按钮，打印工程图。

步骤 07 在打印预览界面中单击 打印(P)... 按钮，系统返回到"打印工程图"对话框，单击 确定 按钮，系统弹出"另存为"对话框，选择合适的存储位置并输入文件名称，即可打印工程图。

8.8 工程图设计综合应用

案例概述：

本案例是一个综合范例，不仅综合了基础视图、投影视图、局部剖视图和局部视图等的创建，而且还有基准的创建、形位公差的创建、表面粗糙度符号及中心线的标注等。创建完成后的工程图如图 8.8.1 所示。

图 8.8.1 工程图设计综合应用

任务 01　新建工程图文件

步骤 01　新建一个工程图文件。
选择下拉菜单 **I** ➡ **新建** ➡ **工程图** 命令，系统自动进入工程图环境。

任务 02　创建基本视图

步骤 01　选择命令。单击 **放置视图** 选项卡 **创建** 区域中的"基础视图"按钮 ，系统弹出"工程视图"对话框。

步骤 02　选择零件模型。在"工程视图"对话框中单击"打开现有文件"按钮 ，系统弹出"打开"对话框，在 **查找范围(I):** 下拉列表中选择目录 D:\ invsc14\work\ch08.08，然后选择 down_base.ipt，单击 **打开(O)** 按钮。

步骤 03　定义视图参数。

（1）在"工程视图"对话框中的 **方向(O)** 区域中选中 **前视图** 选项，此时在图纸区会有图 8.8.2 所示的预览图。

（2）定义视图比例。在 **视图/比例标签** 区域 **缩放比例** 文本框中输入 1:1。

（3）定义视图样式。在 **样式(T)** 区域中选中"不显示隐藏线"选项 。

步骤 04　放置视图。将鼠标放在图形区，单击图纸区合适的放置位置，以生成主视图。

步骤 05　在图纸区右击选择 **✓ 确定** 命令，完成主视图的创建，如图 8.8.3 所示。

图 8.8.2　预览图　　　　图 8.8.3　创建主视图

步骤 06　选择命令。单击 **放置视图** 选项卡 **创建** 区域中的"投影视图"按钮 。

步骤 07　在系统 **选择视图** 的提示下，选取图 8.8.3 中的主视图作为投影的父视图。

步骤 08　放置视图。在主视图的下方单击，生成俯视图，在图纸区右击，选择 **创建(C)** 命令，完成俯视图的创建，如图 8.8.4 所示。

任务 03　创建图 8.8.5 所示的全剖视图

图 8.8.4 创建俯视图   图 8.8.5 创建全剖视图

步骤 01 选择命令。单击 放置视图 功能选项卡 创建 区域中的"剖视"按钮 🗔 。

步骤 02 选取剖切父视图。在系统 选择视图或视图草图 的提示下，选取主视图作为剖切的父视图。

步骤 03 绘制剖切线。绘制图 8.8.6 所示的直线作为剖切线，绘制完成后右击鼠标选择 ⇨ 继续(C) 命令，系统弹出"剖视图"对话框。

步骤 04 在"剖视图"对话框的 视图标识符 文本框中输入视图标识符 A。

步骤 05 放置视图。在图纸区选择合适的位置单击，生成全剖视图，如图 8.8.5 所示。

任务 04 **创建图 8.8.7 的局部剖视图（两处）**

步骤 01 绘制剖切范围。首先在图纸区选取要创建局部剖视的视图，然后选择 放置视图 选项卡 草图 区域中的"创建草图" 📝 命令，绘制图 8.8.8 所示的样条曲线作为剖切范围。

图 8.8.6 绘制剖切线   图 8.8.7 局部剖视图   图 8.8.8 绘制剖切范围 1

步骤 02 选择命令。单击 放置视图 功能选项卡 修改 区域中的"局部剖视图"按钮 ⇄ 。

步骤 03 选取局部剖切父视图。在系统 选择视图或视图草图 的提示下，选取图 8.8.7 中的主视图作为剖切的父视图，系统弹出"局部剖视图"对话框。

步骤 04 定义深度参考。在"局部剖视图"对话框 深度 区域的下拉列表中选择 至孔 选项，然后选择图 8.8.9 所示的圆作为深度参考。

步骤 05 单击"局部剖视图"对话框中的 确定 按钮，完成局部剖视图的创建。

步骤 06 绘制剖切范围。首先在图纸区选取要创建局部剖视的视图，然后选择 放置视图 选项卡 草图 区域中的"创建草图"命令 ，绘制图 8.8.10 所示的样条曲线作为剖切范围。

步骤 07 选择命令。单击 放置视图 功能选项卡 修改 区域中的"局部剖视图"按钮 。

步骤 08 选取局部剖切父视图。在系统 选择视图或视图草图 的提示下，选取图 8.8.10 中的主视图作为剖切的父视图，系统弹出"局部剖视图"对话框。

步骤 09 定义深度参考。在"局部剖视图"对话框 深度 区域的下拉列表中选择 至孔 选项，然后选择图 8.8.11 所示的圆作为深度参考。

步骤 10 单击"局部剖视图"对话框中的 确定 按钮，完成局部剖视图的创建。

任务 05 创建图 8.8.12 所示的局部视图

图 8.8.9　定义深度参考　　　图 8.8.10　绘制剖切范围 2　　　图 8.8.11　定义深度参考

步骤 01 选择命令。单击 放置视图 功能选项卡 创建 区域中的"局部视图"按钮 。

步骤 02 选取父视图。在系统 选择视图 的提示下，选取图 8.8.12 中的主视图作为局部视图的父视图，系统弹出"局部视图"对话框。

步骤 03 在"剖视图"对话框的 视图标识符 文本框中输入视图标识符 B。在 缩放比例 文本框中输入比例 4:1。

步骤 04 绘制局部范围。绘制图 8.8.13 所示的圆作为剖切范围。

图 8.8.12　局部视图　　　　　　　图 8.8.13　绘制视图区域

步骤 05 放置视图。在图纸区选择合适的位置单击，完成局部视图的创建。

任务 06 为主视图创建图 8.8.14 所示的中心线

步骤 01 选择命令。单击 标注 功能选项卡 符号 区域中的"对分中心线"按钮 ▧ 。

步骤 02 依次选取图 8.8.14 中的直线 1、直线 2、直线 3 和直线 4，此时系统会自动为视图创建中心线。

图 8.8.14　选取直线　　　　　图 8.8.15　添加中心线

步骤 03 参看以上步骤添加其他中心线。结果如图 8.8.15 所示。

任务 07 标注图 8.8.16 所示的基准符号

步骤 01 选择命令。单击 标注 功能选项卡 符号 区域中的 ▾ 按钮，选择"基准标识符号"命令 ⒶＡ 。

步骤 02 放置基准特征符号。选取图 8.8.16 所示的边线，在合适的位置处单击两次，系统弹出"文本格式"对话框。

步骤 03 设置参数。在"文本格式"对话框中输入 B。

步骤 04 单击 确定 按钮，然后按 Esc 键退出，调整基准符号至合适的位置，完成基准特征符号的创建。

任务 08 标注图 8.8.17 所示的尺寸

利用 标注 功能选项卡 尺寸 区域中的"尺寸"命令 ⊢⊣ 与"倒角"命令 倒角 标注所需尺寸。

图 8.8.16　标注基准符号

图 8.8.17　标注尺寸

任务 09 标注图 8.8.18 所示的形位公差

图 8.8.18　标注形位公差

步骤 01 选择命令。单击 标注 功能选项卡 符号 区域中的 按钮，选择"形位公差符号"命令 ⊕ .1 。

步骤 02 放置形位公差特征符号。分别选取图 8.8.18 所示的边线，选择合适的位置单击，以放置形位公差，然后按 Enter 键，系统弹出"形位公差符号"对话框。

步骤 03 定义形位公差。

（1）在"形位公差符号"对话框中单击 符号 区域的"项目特征符号"按钮 ⊕ ，然后单击 // 按钮。

（2）在 公差 文本框中输入公差值 0.08。

（3）在 基准 文本框中输入基准符号 B。

步骤 04 单击 确定 按钮，然后按 Esc 键完成形位公差的标注。

步骤 05 参照此方式标注图 8.8.18 中另一处圆度形位公差。

任务 10 标注图 8.8.19 所示的表面粗糙度

图 8.8.19 标注表面粗糙度

步骤 01 选择命令。单击 标注 功能选项卡 符号 区域中的 按钮，选择"粗糙度符号"命令 √ 。

步骤 02 放置粗糙度特征符号。选取图 8.8.19 所示的边线，然后按 Enter 键，系统弹出图 8.8.20 所示的"表面粗糙度"对话框。

步骤 03 定义表面粗糙度符号。在"表面粗糙度"对话框设置图 8.8.20 所示的参数。

步骤 04 单击 确定 按钮,然后按 Esc 键退出,完成表面粗糙度的标注。

步骤 05 参照 **步骤 02** 和 **步骤 03** 的操作方法,标注其他两个表面粗糙度。

任务 11 创建图 8.8.21 所示的注释文本

步骤 01 选择命令。选择 标注 功能选项卡 文本 区域中的"文本" A 命令。

图 8.8.20 "表面粗糙度"对话框   图 8.8.21 创建注释文本

步骤 02 定义注释文本位置。在系统 在某处或两角处单击 的提示下单击鼠标,系统弹出图 8.8.22 所示的"文本格式"对话框。

图 8.8.22 "文本格式"对话框

步骤 03　创建文本。在系统弹出的"文本格式"对话框中输入图 8.8.22 所示的注释文本。

步骤 04　设定文本格式。

（1）在注释文本中选取图 8.8.23 所示的文本 1，将文本大小设置为 8.0。

（2）在注释文本中选取图 8.8.24 所示的文本 2，将文本大小设置为 6.0。

步骤 05　单击 ▢ 确定 ▢ 按钮，然后按 Esc 键退出，完成注释文本的创建。

技术要求
1.未注倒圆角为R2
2.调质处理240HBW

技术要求
1.未注倒圆角为R2
2.调质处理240HBW

其余

图 8.8.23　选取文本 1　　　　　图 8.8.24　选取文本 2　　　　　图 8.8.25　注释文本 3

任务 12　创建图 8.8.25 所示的注释文本

步骤 01　选择命令。选择 标注 功能选项卡 文本 区域中的"文本" **A** 命令。

步骤 02　定义注释文本位置。在合适的位置单击鼠标，系统弹出"文本格式"对话框。

步骤 03　创建文本。在系统弹出的"文本格式"对话框中输入"其余"。

步骤 04　设定文本格式。选中上部创建的文本，将其文本大小设置为 6.0。

步骤 05　单击 ▢ 确定 ▢ 按钮，然后按 Esc 键退出，完成注释文本的创建。

任务 13　标注图 8.8.26 所示的表面粗糙度

步骤 01　选择命令。单击 标注 功能选项卡 符号 区域中的 ▾ 按钮，选择"粗糙度符号"命令 √。

步骤 02　放置粗糙度特征符号。在图纸区的合适位置单击确定放置位置，然后按 Enter 键，系统弹出图 8.8.27 所示的"表面粗糙度"对话框。

步骤 03　定义表面粗糙度符号。在"表面粗糙度"对话框中设置参数。

步骤 04　单击 ▢ 确定 ▢ 按钮，然后按 Esc 键退出，将表面粗糙度符号移动至合适的位置，完成表面粗糙度的标注。

图 8.8.26　标注表面粗糙度　　　　　　图 8.8.27　"表面粗糙度"对话框

任务 14 保存文件

选择下拉菜单 ➡ 命令,系统弹出"另存为"对话框,将文件命名为 down_base.
idw,单击 保存 按钮保存。